天下·文化
BELIEVE IN READING

撥雲迎驕陽

生技中心的探索與創新

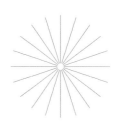

BIOTECH

INNOVATION

TALENT

王明德、洪佩玲、陳培思、陳筱君、蕭玉品 —— 著

CONTENTS

序

追求創新，迎向世界

翁啟惠・中央研究院前院長

顧台灣生技產業發展歷程，自1980年代起，政府即開始擘劃
生技產業的藍圖，生技中心也因此成立，一直以來皆扮演台
灣生技發展的重要角色。

　　追溯台灣科技產業的起源，是由當年的總統府資政李國鼎擔任
重要推手，而生技產業和他也有重要淵源。回顧1980年代，李國鼎
等人選定生技產業（當時適逢遺傳工程技術興起）做為台灣下一階
段發展的策略工業，孫運璿（時任行政院長）在全國第二次科技會
議中宣布，將生物技術列為八大重點科技之一，旋即在1984年正式
成立「財團法人生物技術開發中心」（DCB），上承學術研發、下銜
技術移轉民間企業，扮演生技產業鏈中「第二棒」的角色。

　　生技產業價值供應鏈長，以台灣的市場規模與企業生態，不可
能有單一業者可以從頭做到尾。因此，生技產業是個需要跨領域合
作的產業，加上政府在基礎環境的建立及政策的推動輔助，才能健

全發展，走向世界。

　　台灣生技產業的發展，從早年成立新竹科學園區、資策會及科技顧問會議（1979年）、美國《杜拜法案》通過（1980年）、美國食品暨藥物管理局（FDA）核准利用基因重組技術製造人類胰島素，以及我國行政院明定生物技術為八大重點科技之一（1982年）、生技中心成立及第一家生技公司「保生」的誕生以生產B型肝炎疫苗（1984年）、成立社團法人台灣生物產業發展協會（1989年）、行政院啟動「加強生物技術產業推動方案」（1995年）、成立國家衛生研究院（1996年）、開始行政院生技產業策略會議（SRB，1997年）、成立工研院「生物醫學工程中心」（1999年）、美英宣布人體基因圖譜完成（2000年）、成立社團法人生策會（2002年）、行政院開始舉行生技產業策略諮議委員會（BTC，2005年）、通過《生技新藥產業發展條例》（2007年）、推動六大新興產業並成立生技創投基金（2009年）與衛生署食品藥物管理局(TFDA，2010年)、修正《科學技術基本法》並推動「生技醫藥國家型科技計畫」（2011年）、推動生技產業起飛行動方案（2013年）、《台灣生物經濟發展方案》（2015年）、推動5+2產業創新政策（2016年）、經濟部發布《生技產業白皮書》、修正通過《生技醫藥產業發展條例》、擴大獎勵範圍並納入智慧醫療與CDMO等領域，將生技產業列為六大核心戰略產業（2021年）、行政院重啟科技顧問會議（2023年）等多項政策，以及推動生技產業發展的法人或團體的加持，讓台灣生技產業發展環境逐漸成熟。

今天，台灣的生技產業市值已超過新台幣一兆元，營業額也來到八千億元左右。

每逢人類健康遭受威脅，生技產業皆扮演重要角色，如2019年發生的前所未見的新冠肺炎疫情，徹底改變了人類的生活習慣，啟動了各國政府對於疫苗、檢驗試劑等研發剛性需求，同時面對疫情導致產業供應鏈的快速變遷，讓台灣擅長的生技醫療與資通訊（ICT）產業更加緊密結合。

生技產業面對後疫情時代，透過AI、高解析度影像技術、快速傳輸，以及大數據分析等應用，加速台灣推動生技新藥開發、精準醫療、智慧醫療的進展，同時讓醫療體系運作更有效率，為民眾提供了更優質的醫療服務。

回顧過往，我在擔任生技中心科技顧問委員會召集人時，就力促生技中心投入生物創新技術，透過技術創新，落實研究成果轉為實際應用，打造台灣生技產業優勢，協助產業在全球激烈競爭環境中脫穎而出。

而我擔任中央研究院院長時，有鑑於台灣需要一個適合發展生技製藥的聚落，因此推動「國家生技研究園區」的創立，希望在這個環境中，匯集國內外生技研發單位、新創公司，以及政府推動生技產業的相關單位，如：經濟部生技中心、國科會動物中心、衛福部食品藥物管理署，讓生技研發成果可以更有效與產業連結，發展對人類福祉有重大貢獻的轉譯醫學及生技製藥，以激發豐沛的研發能量，開創出台灣生技產業的新局面。

一路走來，舉凡政策面、技術面、需求面，搭配原有的人才優勢，都讓台灣生技產業的發展，逐漸走出它的特色及領先地位。而在這段過程中，生技中心始終不負期待，扮演橋梁角色，肩負台灣生技人才擴散的重要任務，素有「生技人才的搖籃」之稱，為台灣生技產業培養出許多關鍵領導人才，而在技術擴散產業環境建構上，也成立了六家衍生新創公司、執行多項技術移轉，為台灣生技發展奠定了斐然厚實的基礎。

　　深耕台灣生技產業的生技中心，邁入創立四十週年，一步一腳印都是與產官學研的夥伴共同胼手胝足，穩健地朝向目標前進，期待生技中心能夠更堅定地掌握趨勢、引領產業發展、強化國際競爭，以更全面的世界觀，透過跨領域資源整合、技術合作創新，促進生技產業的卓越發展，再一次創造台灣經濟奇蹟。

序

承先啟後，任重道遠

張文昌‧中央研究院院士

1970
年代是生物技術發展的關鍵時代，針對基因工程及單株抗體的製造，皆有劃時代的突破。

　　基因工程又稱為遺傳工程，係以基因操作來重整核酸技術，操縱有機體基因組，用以改變細胞遺傳物質的技術；另一方面，則是指融合瘤技術，為融合骨髓瘤細胞和B細胞之雜交細胞，製造並篩選出具有特異性單株抗體。這二種生物技術的發明者，分別獲得1980年（基因工程 Paul Berg）及1984年（單株抗體 George Kohler 及 Cesar Milstein）諾貝爾獎，至今這二種技術在蛋白質新藥的研發貢獻良多。

　　台灣是全球B型肝炎高感染地區，在半世紀以前，我們台灣人淪陷在B型肝炎病毒的輪迴裡，出生那一刻，就被上一代感染B型肝炎病毒；成年後育子，再傳給下一代，國人成年人有15%至20%，為B型肝炎病毒帶原者。

1982年，我國在政務委員李國鼎先生主導下，將「B型肝炎及生物科技」推動成為行政院的重點科技，規劃利用1970年代所發展的生物技術來解決我國的國病B型肝炎，因此政府就在1984年成立「生物技術開發中心」。中心成立初期，最主要的技術開發，就是建立融合瘤技術製造單株抗體、開發B肝病毒抗原檢測及建置基因工程技術，供開發B肝疫苗之用。

1986年，美國默克藥廠及比利時史克美占公司利用基因工程技術，成功開發B肝疫苗，我國在1992年11月起出生之新生兒，開始全面施打基因工程B肝疫苗，解決我國B型肝炎發病問題。

之後，我國政府開始啟動生技產業生技製藥的發展。自2000年開始至2016年期間，我國政府共推動三個醫藥相關的國家型計畫，包括：「生技製藥」、「基因體醫學」及「生技醫藥」，自小分子新藥延伸至蛋白質藥物的研發。

生技中心在這一段期間，積極參與我國生技醫藥的研發，建置融合瘤、毒理試驗、藥品檢驗及生技藥品先導工廠等四個技術平台，技轉孕育分別成立台灣尖端先進生技、昌達生化、啓弘生技及台康生技，支持我國生技公司在小分子及蛋白質新藥的研發；近期，則是自主研發CHO-C蛋白質藥物量產平台、製作抗體藥物複合體（Antibody Drug Conjugate, ADC）藥物的雙轉移酶醣鍵結技術平台，分別技轉台灣生物醫藥製造公司（TBMC）及嘉正生技。如此，可看到生技中心在過去四十年期間，所建置的技術平台對我國小分子及蛋白質藥物研發的貢獻。

近年生物技術的發展日新月異，例如，CAR細胞治療及核酸／基因藥物治療，已有一些具體進展。生技中心在1980年代扮演我國發展生物技術領頭羊的角色，隨後協助我國生技產業的發展。正值生技中心四十週年之際出版本專書，記錄曾經走過的輝煌歷史，也能了解該中心所要邁向五十週年的發展目標，以及我國生技產業的未來走向。

序

以AI找到
台灣生技的未來

楊泮池・國家生技醫療產業策進會副會長

七〇、八〇年代，美國開始投入生技製藥產業發展，全球各國看重其經濟價值，也著眼於它在疾病治療與預防的效益，改善人民生活品質，因而開始陸續投入建置相關技術與製造。

反觀台灣，我國生技發展起步其實不晚，政府早在1984年便設立生技中心，負責規劃、促進台灣生技產業發展。只是生技屬於高度資本與技術密集的產業，台灣的市場規模有限，必須走向國際發展，但現實狀況卻是，台灣生醫產業外銷比重至今僅約占整體營收的30%。

不過，我無意討論困局，而是想換個思維，想一想我們下一步如何突破現狀、創造新局。

這個機會點，我認為就是AI科技。台灣擁有強大的高科技電子產業實力，且擁有豐富的臨床經驗，傲視全球的健保資料庫，以及優異的醫療技術，台灣生醫產業正好可以結合當前全球正夯的AI演

算、大數據分析，加速切入精準醫療、乃至個人化醫療，達到精準健康的目的。

　　2023年國內外分析機構都談到AI發展趨勢，摩根史坦利估計，未來十年內，製藥業每年將花五百億美元應用在AI領域，以加速藥物研發。顯然，運用AI加速藥物開發，已確定成為未來幾年全球生技產業的重要發展模式。最顯而易見的案例，就是當時阿斯特捷利康（AstraZeneca, AZ）與莫德納（Moderna）兩大藥廠，搶在新冠肺炎疫情期間，藉由AI協助，加速疫苗研發嘉惠世界。

　　確實，AI可以為生醫產業做到許多事，例如：加速新藥篩選、開發甚至製造；或者透過AI來篩檢基因資料庫，找出哪些藥物適合哪些特定類型的人使用，台灣藥廠也可以藉由AI找到適合華人，乃至鎖定台灣人特有疾病來開發新藥。這一點就可利用台灣擁有累積近二十年的全民健保資料庫，成為新藥開發的一大利基。

　　時至今日，科技的發展，讓生醫產業不再只是醫藥研發而已，更是一場跨領域的、科技的決戰。能夠掌握趨勢、善用智慧科技就有機會在全球生技產業競爭中掌握先機、因勢勝出。如同書中提到生技中心四十年來總是能洞燭先機、嗅出下世代全球生技產業脈動，扮演生技產業「造浪者」角色，建構每階段適合的浪潮，包含昌達生技、台康生技、啓弘生技等幾家公司的成立，便是如此。

　　長久以來，生技中心一直扮演銜接學術研究與產業的角色，至今已有四十年歷史。展望未來，我認為，這樣的角色可以維持，但關注標的、切入角度應更加多元，譬如透過生技中心投注資源、加

速導入 AI 科技，相信可以幫助台灣生醫產業解決新藥研發效率問題，縮短探索時間，提高成功機率與競爭力。

　　近年來，我談過台灣應該發展精準健康的議題，出發點就是希望真正做到預防勝於治療；回顧四十年前生技中心的成立，恰好是台灣發展生技產業的起點，當時為了解決 B 型肝炎問題，銜命開發出 B 肝疫苗與檢驗試劑，想想，現在的精準健康與當初的 B 型肝炎疫苗，兩者有些異曲同工之妙。

　　因此，我相信且期待，生技中心走過當年的歷程，經過四十年的淬鍊，所累積的生技實力，未來更可積極推動生技與資通訊產業結合，透過 AI 工具，從全民福祉、精準健康的角度入手，為台灣生技產業找到新未來。

黃金四十，
開創生技新價值

涂醒哲．生物技術開發中心董事長

　　一場突如其來的世紀疫情過後，造成全球生物科技產業大幅震盪、重新洗牌，呈現出截然不同的新風貌，值此同時，生技中心也從三十而立邁向四十而不惑的嶄新階段，要在台灣生技產業面臨重要轉型的時刻，替產業發展找到新契機。

　　四十年的歲月走來，生技中心從摸索中穩健前行，歷經台灣生技產業篳路藍縷、從無到有的艱困挑戰。在這過程中，不僅為台灣生技產業培育眾多優秀的定錨人才，成為串接基礎研究單位與新藥開發業者的關鍵角色。過去積累的能量，也成為孕育生技新創公司的養分；包括為產業發展需求而建立的毒理與臨床前測試中心、cGMP生技藥品先導工廠、生技藥品檢驗中心等，在設備完善、人才充實、技術成熟後，生技中心陸續以衍生新創公司的方式，成為扶植台灣生技產業發展的最佳助攻手。

　　如今，從生技中心衍生成立的五家企業，包括台灣尖端生技、

昌達生化、台康生技、啓弘生技、邁高生技等，皆以其無可取代的專業技術，成為台灣生技產業持續開發新藥時，不可或缺的關鍵夥伴。生技中心四十年來已累積充沛的研發量能以及開發經驗，讓近年來的技術授權金屢創新高，備受矚目的當屬去年以六點九億元技轉授權嘉正生技抗體藥物複合體（Antibody Drug Conjugate, ADC）關鍵的雙轉移酶醣（Dual Transferase Glycan Conjugation）鍵結技術平台。

更令人期待的是，在四十週年前夕，展現生技中心自主研發實力的CHO-C、核酸及病毒載體三大技術及研究團隊，再次促成台灣生物醫藥製造公司（TBMC）設立。生技中心將透過TBMC為台灣打造另一座「以生技為名」的護國神山，期待生醫產業能接續ICT資通訊產業，成為台灣未來的經濟命脈。

展望四十不惑，期待政府未來能以「七分經濟、三分研究」為策略，以經濟帶動研發，讓研發有源源不絕活水。我們也期許政府聚焦臨床需求及國際趨勢，智慧出擊、勇敢投資生醫研究國家隊；藉由生技中心協助醫界及公私研究單位，自主研發專利技術，加速生技廠商藥品商品化的進程，並造福病患。

過去這些不錯的成果，都是生技中心一步一腳印寫下的歷史，也是所有同仁的心血結晶。在歡慶生技中心四十歲生日的同時，除了感謝每一位投注熱情、付出努力的前輩，You Raise Us Up！也期待生技中心同仁，站在前輩肩膀上，秉持初衷，發揮創新的精神，讓生技中心成為國家推動生技產業最重要的引擎，攜手生技業者共同提高國際能見度，開創台灣生技產業的璀璨新紀元。

顛覆慣性，超前布局

2023年年底，生技醫藥類股IPO家數衝上全年冠軍。回想四十年前剛成立生技中心的台灣，誰能想到現在的市場榮景？支撐這場輝煌背後的力量，是人才、新創、技術，是無畏轉型陣痛、持續創新前進的勇氣。

1965年，美援退出，但在此之前，已然挹注資源十五年，為台灣的基礎建設、產業發展奠定根基；之後又經過近二十年的發展，距今四十年前的台灣，經濟起飛，電子業與現今所謂的「護國神山」半導體業，開始蓬勃發展。

然而，當時的台灣百業待興，恐怕誰也沒想到，四十年後，台灣的生技產業能夠冒出頭，走到現在這一步。

2023年年底，生技醫藥類股衝上全年首次公開發行（IPO）產業家數冠軍，整體掛牌家數僅次於電子零組件業及半導體業。根據台灣證券交易所統計，光是上市生技公司市值即達五千兩

百一十三億元，且排隊申請上市企業超過十家，生技市值仍有持續攀升空間。

翻閱這些上市櫃生技公司的背景資料不難發現，隨著精準醫療時代來臨，免疫療法、細胞治療、委託開發暨製造服務（Contract Development and Manufacturing Organization, CDMO）議題發燒，擁有相關技術專利與產品的企業，也較容易受到投資人的青睞。

不過，儘管如此，無論是揮軍日本細胞與基因治療市場的啓弘生技，抑或是亞洲少數通過美、日、台、澳查核的生物製藥大廠台康生技，又或者是國際委託研究機構（Contract Research Organization, CRO）業者QPS將臨床前毒理試驗服務設立在昌達生化、打造植物新藥CRO價值鏈的邁高生技，無一不是十年磨一劍才擁有如今的傲人成績，而生物技術開發中心（簡稱生技中心），正是這些企業能在生技產業供應鏈占有一席之地背後的重要推手。

人才、新創、技轉三管齊下

「人，是企業最重要的資產」，這句話多數人已耳熟能詳，放在生技產業更是鐵錚錚的事實。細數當前市場上重要的生技公司，已有數千位專業研究員來自生技中心，擔任副總經理以上職務的企業領袖更有數十位，所衍生出去的團隊也都為台灣生技產業供應鏈奠立了專業的基石。

人才擴散之外，生技中心也透過衍生新創、技術移轉等模式，

促進台灣生技產業持續接軌國際，邁向下一個里程碑。

「我們的任務可能會隨著國際趨勢、產業脈動調整，但我們的核心價值不變，就是要以技術研發本位，扶育加值產業夥伴，」生技中心代理執行長陳綉暉說。

事實上，為了深化產業根基，生技中心在國家政策引領下誕生，數十年來順應時勢快速轉型，從初期篳路藍縷扎根定位，中期延伸開發多元生技相關領域，到近期聚焦收攏，替台灣生技產業找尋到對的產業方向。

回顧過往，在2000年前後，生技中心重新將自己定錨在推動新藥開發。經過十多年的努力，如今，包含合一生技推出首款上市植物新藥、安立璽榮深耕治療阿茲海默症的口服免疫調節新藥、上毅生技的癌症治療新藥ENO-1單株抗體藥物、結合台灣大小分子發展優勢的嘉正生技等，已逐步看到技術的創新突破。只是，當成功案例愈來愈多，現實的挑戰也逐漸浮現──台灣生技產業需要更多、更長期投入設備、人才、資源，並非僅憑企業單方之力就能做到。

產業的心聲，政府聽到了。

從「台灣生技起飛鑽石行動方案」到總統蔡英文的「5+2產業創新計畫」、「六大核心戰略產業」、《生技醫藥產業發展條例》……，政府發展生技產業的相關政策陸續出爐；而由於生技產業前瞻性強、知識含量高、開發時間長、獲利未知性大等特性，初期發展就必須依賴國家高度投入，生技中心在其中的角色因此備受

矚目，就是要在產業與研究機構、政府之間擔任橋梁工作，釐清各界需求，並同步協助政府推動法規放寬或擬定選題、投入臨床前開發與加值等工作。

從需求出發，讓研究可以落地

選題，往往能夠決定一家企業的命運，生技中心董事長涂醒哲觀察到：「台灣的醫療動能很強、醫學教授喜歡做臨床研究，卻很少做藥品研究，這也是新藥開發高度分工的必然。」

因此，生技中心一舉扛起串接醫學和藥學的溝通橋梁重責，以病人需求為導向，尋找有用的開發標的，近期台大醫學院藥理學科暨研究所教授楊鎧鍵團隊，就是以臨床的角度，找到器官纖維化的重要靶點，並與生技中心合作開發核酸新藥，未來將點燃心臟、肺臟、腎臟與肝臟等纖維化患者治療的新希望。

同時，生技中心也與國內各大醫學中心皆保持良好合作關係，共同針對「未被滿足的醫療需求」（Unmet Medical Need）進行技術開發，希望能在初期就與臨床醫師交流，確保開發出來的技術能符

持續創新，是生醫產業前進、
突破現有成績的絕對要素。

合臨床醫療所需。

　　以生技中心近期投入的低免疫原性誘導型多潛能幹細胞（Induced Pluripotent Stem Cell, iPSC）治療研究來說，分別結合三軍總醫院的巴金森氏症及國防醫學院的聽力損傷臨床研究，希望透過這類異體細胞移植治療技術平台應用，開發出更多種細胞治療產品，嘉惠更多病患，同時也為台灣在細胞治療發展領域，打造新藥探索、研發、製造到臨床應用的完整產業鏈。

　　除此之外，像是生技中心第一家衍生公司台灣尖端，率先通過衛生福利部「自體骨髓間質幹細胞治療脊髓損傷」細胞治療施行計畫細胞製備場所申請計畫、昱厚生技運用去毒LTh（αK）技術平台開發出嶄新疫苗、嘉正生技以抗體藥物複合體（Antibody Drug Conjugate, ADC）雙轉移酶醣鍵結（Dual Transferase Glycan Conjugation）技術布局雙效抗癌藥物市場，都為台灣的精準醫療乃至精準健康走向，提前奠定基礎。

成為創新整合的樞紐

　　透過擴散人才、設立衍生新創公司、技術移轉產業的全方位策略，台灣生技產業的基礎逐漸厚植、量能一層一層堆疊，台灣生技產業發展的格局與視野也愈來愈大。

　　「2018年進駐國家生技研究園區之後，我們進一步拉高格局，從國家角度檢視未來的任務，」陳綉暉認為，隨著大環境轉變，生

技中心不能只低頭看自己，更需要「透過生技聚落優勢，以國家發展及全球鏈結的方向來布局、蓄積能量。」每個重要的轉折點，都是重新思考策略方向、再次促發成長的機會，生技中心不斷透過組織再造、財務重整，創新突圍，發展出新的道路。

於是，這些年，生技中心為滿足醫生跟病人的需求，成立了轉譯醫學研究室，強化「從實驗室到病床」(Bench to Bedside) 連結研究與臨床應用，為產業承接提前做好準備；面對AI飛速發展及遠距醫療、精準醫療和數位醫療的需求日深，在藥物平台技術研究所之下成立「智慧生醫組」（前稱數位健康組），希望藉由在藥物開發過程中，結合AI藥物篩選平台、AI預測藥物動力與藥物代謝 (DMPK) 平台等AI運用服務，加速台灣新藥開發效率。

「持續創新，是生醫產業前進、突破現有成績的絕對要素，」塗醒哲對於他個人、組織乃至整個產業，都有深切期許：「我們要打破慣性、與時俱進，持續與上游研究單位或國外研發機構與下游生技廠商對話，成為創新整合的樞紐，持續培育多元化的生技人才、以衍生新創或技術授權，交棒給產業以延續各項研究成果並進一步發展，加速提升台灣生技醫藥產業新一波產值的高峰。」

文／陳筱君

第 一 部

產業初生

從肝病防治出發，一路摸索成長，

四十年來，

產、官、學、研各界，持續完善發展環境，

舉凡延攬並培植專業人才、開發關鍵生物技術、

打造衍生新創企業……

走過從無到有、從有到好的歲月，

台灣生技醫療產業逐步延伸觸角、拓展商機，

從經濟價值到全民健康，無不因此受益。

定礎

為改善國民健康而生

遙想七〇年代，科學家從二十多年探索DNA奧祕的歷程中，不斷累積新發現，終於在美國南舊金山，誕生全球第一家生技公司基因泰克（Genentech），從此基因工程跨出基礎研究的範疇，讓生物技術成為下個世代的新興科技，全球進入生技產業競逐發展的熱潮。

「早年的台灣並不富裕，」七〇年代正就讀台灣大學醫學院的生技中心董事長涂醒哲記得，「我每天的早餐就是一顆蛋，而就讀政大的姊姊，一天的零用錢也只有一點五塊錢。」

在經濟尚未起飛的年代，國人健康又受到有「國病」之稱的肝炎威脅，早年不時有人以「風雨飄搖」形容那個年代的景況，確實並不為過。

根據台大醫院教授宋瑞樓與陳定信等團隊研究，早期罹患肝炎的患者，在六十歲之後轉化成癌症的風險，是正常人的兩百倍；研究中也提到，當時約有21%的新生兒是肝炎帶原者，皆來自於母體垂直感染；若要徹底擺脫肝炎威脅，最好的方法是讓新生兒於出生二十四小時之內注射疫苗。

但是，「當時由美國進口疫苗，一劑要一百二十美元（約新台幣四千八百元），每位新生兒完整施打四劑就要花費四百八十美元，根本是天價！」涂醒哲感嘆，這筆約等於新台幣一萬九千二百元的費用，若以1980年的台灣出生人口約四十一萬餘人推估，所需支出相當於新台幣七、八十億元，當年的國庫根本無力支應。

然而，愈是艱困的挑戰，愈能激發出無限的潛能。

肝炎防治的挑戰

八〇年代，時任行政院政務委員李國鼎一向堅信，依循「德先生」（democracy，民主）、「賽先生」（science，科學）的步伐，才能

使國家富強。當他觀察到,「生技工業」這股國際間新興崛起的科學力量後,開始大力推動相關建設計畫,將「肝炎防治」與「生物技術」列為國家八大重點科技之一,希望透過長期扎實耕耘,培育生技相關人才、擬定正確的政策,帶動台灣生技產業發展,建立整體產業價值供應鏈。

1984年,生技中心在各國政府積極投入生技發展的趨勢與眾人的引頸期盼下正式成立,B型肝炎疫苗的技術移轉及開發便成為此時的工作重點之一。

博士論文就是研究肝炎與肝癌關聯性的涂醒哲,對那段歷史如數家珍:「當時,生技中心與法國巴斯德公司(現為賽諾菲)簽訂技轉合約之後,接著成立保生公司負責疫苗生產、普生公司負責試劑製造,兩家公司皆開放民間投資。」

保生及普生兩家公司,成為台灣生技產業發展的開端,而B型肝炎防治的傲人成績,獲得當時世界衛生組織的高度肯定,「這可以說是生技中心創立初期的關鍵價值,」涂醒哲自豪地說。

檢驗試劑、農業與環境生技並重

隨著B型肝炎防治計畫的成功,疫苗需求下降,保生伴隨走入歷史,但是與生技中心共同培育出來這批深諳國際疫苗研製規範的人才,卻沒有淹沒在時光中;他們懷著一身好功夫,或是自行創業、或是轉進其他生技公司,甚至將經驗與技術帶入生技中心下一

生技中心董事長涂醒哲期許，能夠將研發成果以衍生新創或技術移轉的方式，攜手產業走出台灣、進軍國際。

階段開發領域。

　　走過草創時期，生技中心前進的腳步不曾停歇，緊接便在首任執行長田蔚城的擘劃下，因應台灣經濟發展需求，讓生技應用範疇擴大到微生物醱酵、農業、環境保護、特用化學等不同領域，為台灣多元化生技產業發展埋下了無數種子。

　　值得一提的是，當時的田蔚城很清楚，任何產業發展，「人」都是關鍵的一環。因此，他總是馬不停蹄，數度親赴海外，力邀旅外生技相關領域的專家學者返台，貢獻一己之長。

　　田蔚城希望，這些國際人才可以帶給國內研究團隊最新的技術與觀念，也期盼藉由他們與國外基礎研究機構的淵源和人脈，找到適合台灣的開發標的，解決產業最迫切的問題。

　　另一方面，持續與生技中心共同研發肝病相關檢驗試劑的普生，則是逐步發展成全方位基因檢測試劑研發、製造的上市公司，近年來更將觸角伸向癌症檢測及新藥研發。

　　有了這樣的基礎，生技中心也開始深化檢驗試劑技術開發及人才培育，為檢驗產業發展提供技術及育才支撐。終於，累積了十五年的經驗後，在 2000 年，將檢驗試劑研製相關技術、實驗室、設備、人員及專利，以技術作價的方式，成立生技中心第一家衍生新

任何產業發展，「人」都是關鍵的一環。

創公司 —— 台灣尖端。

千禧轉型投入新藥開發，串接產業上、下游

生技中心的演化歷程，幾乎等同於台灣生技產業的一部發展活歷史。

從1984年到2000年，生技中心以「微生物應用科技」為主要目標，著重產業應用研究與人員訓練；而隨著2000年第二任執行長張子文上任，帶領生技中心與台灣生技產業邁向下一個階段。

張子文在細胞生物學擁有傲人的專業背景，再加上他曾開發出全球首款上市的過敏抗體藥物 —— 樂無喘（Xolair），敏銳的產業嗅覺讓他相信，生物製藥將在千禧年過後，逐漸成為國際趨勢，應該將生技中心有限的資源集中投注於新藥開發。

然而，新藥開發的成本極高，生技中心一年不到十億元的預算，遠遠不如一間國際藥廠投入研發的規模……

該怎麼找出活路？

生技中心選擇聚焦定位自己的角色 —— 要做臨床前研究，扮演產業鏈的「第二棒」，也就是從第一棒 —— 上游研究機構的研究中，選擇具市場價值的案源進行候選藥品開發，之後再技術移轉給第三棒 —— 下游生技業者接手，進行臨床試驗、藥品商品化及後續上市的工作。

新藥開發具有高市場價值、高風險等特色，以台灣新創生技公

司多為中小型企業的模式，將無力支應新藥動輒為期十年、甚至更久或完全失敗的巨大損失。

降低企業投入風險

生技產業的上、下游之間，需要有人可以扮演銜接者的角色。而生技中心這次的轉型定位，不僅完整串連了生技新藥產業鏈，更協助本地生技業者降低投入風險。這份影響力，延伸到二十多年之後，成為帶動台灣生技產業持續蓬勃發展的最重要基盤。

加入生技中心剛好二十年的生技中心代理執行長陳綉暉，幾乎是完整參與了這次轉型新藥開發的過程，「當生技中心觀察臨床需求及趨勢，選定研究標的之後，以經濟部科技專案經費支應相關研究，我們在發展技術的同時，同步也建置新藥開發需要的設施。」

然而，隨著設施建置完成度提高、科專支持設施維運的資源轉向，生技中心又面臨了另一波挑戰。這次，又該如何度過？

「離開生技中心，由民間接手運營，」陳綉暉說明，將生技新藥臨床前必經的動物毒理、生物安全性試驗及後續產程放大的量產設施，逐一選擇時機並找尋合適的經營者接手，每個個案都是創舉，沒有前例可循。

陳綉暉轉述，當年推動現行藥品生產管理規範（Current Good Manufacturing Practice, cGMP）生技藥品先導工廠衍生成立台康生技的推手——時任生技中心董事長李鍾熙（現為台灣生技產業發展協

會榮譽理事長），曾回憶道：「當時促成生技中心以技術作價取得台康公司股權，以台康後來的發展並成功 IPO 來看，證明那時候的策略是正確的。」

至於技術開發，看重的是趨勢。

「當生技中心隨著全球生技發展趨勢，從眾多研究中，選擇小分子藥物、抗體大分子藥物、蛋白質藥物等標的，開發出來的技術可以從抗體、疫苗，再做到藥物，縮短了生技業者新藥開發的時程與成本，可以說是和業者共同成長，」涂醒哲說。

在這個過程中，曾有人擔心，隨著技術開發成果以衍生公司或技術移轉的方式由業界承接，部分生技中心的研發人才也隨之轉進業界，是否會因此削弱生技中心的實力？

「我們不以中心流失的角度看，」陳綉暉堅定地說：「這對於整體生技產業來說，是非常好的新陳代謝，我們中心也因此得以補充新血、培育更多人才，也能透過轉進產業的『校友們』，讓中心和業界更緊密互動、合作。」更不用說從技術移轉收取的授權金，成為支撐生技中心前瞻研究的經費來源之一，而若要加速新藥開發上

新冠肺炎疫情，為全球帶來不幸，
也帶來創造新生的契機。

市的進程，從生技中心進入產業的這群有經驗的人才，往往是生技公司未來成功的關鍵。

立足台灣、放眼國際

經歷一次次轉型升級再成長，生技中心傳承當初推動台灣經濟成長、改善國民健康的使命，以四十年光陰成就風雨名山之業。但，下一階段，生技中心手中握有什麼迎向未來的關鍵密碼？

「新冠肺炎疫情，為全球帶來不幸，也帶來創造新生的契機，」涂醒哲感慨地說。

大疫過後，生物製藥產業開始產生驚人的變化。

譬如，以創新療法對付傳統化學和生物藥品無法發揮效用的疾病，朝向細胞與基因治療雙軌並行模式發展之外，核酸製劑與製程關鍵技術的開發，成為下一個各國生技產業的決勝點；再加上，醫學界對於精準治療的追求逐步提升，因此，在涂醒哲為生技中心規劃的藍圖中，第二棒只是開始，下一階段還應該持續關心並協助業

第二棒只是開始，
生技中心應該持續關心、協助業者，
順利將技術商品化，讓產品順利上市。

者，順利將技術商品化，讓產品順利上市。

　　生技中心首例成功上市新藥，是合一生技接續臨床開發的植物藥DCB-WH1，後來成功發展為治療糖尿病足部傷口潰瘍的新藥「速必一」（ON101），陸續在台灣、澳門、新加坡、馬來西亞、中國大陸取得新藥藥證核准；而為了搶攻美國及印度每年分別超過百億美元的市場，合一生技採取藥品與醫材雙管齊下策略，自2022年起，以「Bonvadis傷口外用乳膏」為名，陸續取得美國食品暨藥物管理局（Food and Drug Administration, FDA）和印度醫藥品監管機構中央藥物標準控制局（Central Drugs Standard Control Organisation, CDSCO）醫材上市許可，並持續布局紐西蘭、南非和澳洲的醫材市場。

　　做為推動台灣生技產業發展的重要推手，問起涂醒哲對生技中心的期許，他強調：「我們要把自己當成生物技術開發的百貨公司，只要是發展生物產業需要的各種資源，來找我們就對了！」不僅如此，他繼續面帶微笑且充滿自信地說：「我希望中心的技術研發成果，以衍生公司或技術移轉的方式，走出台灣，以東南亞為起點，揮軍全球，為台灣生技產業在國際市場搶得先機。」

文／陳筱君・攝影／黃鼎翔

深耕

追求創新掌握契機
帶台灣走向世界

從疾病治療出發，到推動產業發展、創造經濟價值、打
造全球競爭優勢，台灣生技產業在人人追求健康、美好
生活的願景下，角色愈發吃重。而在你我看不見的地
方，總是能夠發現生技中心研發人員默默努力的軌跡，
期待能夠發揮影響力，觸動產業成長並跨足國際。

生技研發的初衷，是希望為許多血淚故事和案例帶來希望。過去如蘋果電腦創辦人賈伯斯、時尚大師卡爾拉格斐、世界三大男高音之一的帕華洛帝，這些名人在各自的專業領域都擁有傲人成就，卻也有一個共同之處 ── 他們同樣罹患號稱「癌王」的胰臟癌，最後也因此離世。

胰臟癌的死亡率有多高？翻開衛福部國民健康署 2021 年癌症登記報告，當年初次罹患胰臟癌的人數為三千一百九十人，死亡人數卻高達兩千六百五十九人。初次罹癌人數與死亡人數如此接近，表示死亡率相當高，很難不令人心驚。

所以，醫學界一直希望，透過基因工程醫學的發展，解開胰臟癌機轉密碼，提升預後和存活率。

不僅如此，依據衛福部統計處的資料，惡性腫瘤（癌症）甚至已經連續四十一年蟬聯十大死因首位。因此，如何在現有療法之外，找出癌症治療的新選擇，也成為台灣生技發展的重要方向。而在這個關乎國人生死與生命品質的議題中，生技中心又扮演了與癌症決勝的角色。

深耕抗體技術，展現創新實力

生技中心研發的新一代抗體藥物複合體（Antibody Drug Conjugate, ADC），採用全球首創、關鍵性的雙轉移酶醣鍵結（Dual Transferase Glycan Conjugation）技術，將兩個小分子抗癌藥物緊密且

均一地固定在結合位置，大幅提升ADC藥物的穩定度。

以這種方式製成的抗癌新藥，具有高專一性的標靶作用與高穩定度，可搭載多種不同的小分子藥物，將抗體導向癌細胞，強化對腫瘤的毒殺作用，非常適合用來對付如胰臟癌這類難纏的癌症，這也讓生技中心的專有技術，以創紀錄的高授權金，技術移轉給嘉正生技，繼續臨床開發。

「這是生技中心研發團隊自2010年以來，長期專注於抗體藥物開發，融合小分子化學設計合成專業的成果，」生技中心董事長涂醒哲表示，ADC是市場上相當具有潛力的新興標靶藥物，根據GlobalData及BioMedTrack於2021年的估計，美國食品暨藥物管理局（Food and Drug Administration, FDA）核准的十一項ADC藥物總銷售額，將於2026年突破二百億美元。

如此可觀的金額，不難想像，改善前兩代ADC藥物穩定性不佳及副作用強烈的缺點，對國際各大藥廠何其重要，而這正是生技中心「雙轉移酶醣鍵結技術」獲得矚目的重要原因。

聚焦平台技術，搭配選題擴大產業應用

「這項技術的誕生，是順應近年來全球追求精準醫學趨勢的成果，」生技中心代理執行長陳綉暉解釋，因為定位精確、接合穩定，在藥物進入癌細胞之前不易脫落，讓這款ADC新藥可以搭載毒性較高的小分子藥物，發揮更好的療效。

生技中心代理執行長陳綉暉指出，產業應
用性高的平台技術將是未來生技中心研
究、開發新藥的重要模式，而在轉型升級
的過程中，選題仍是一大挑戰。

「平台技術，正是未來生技中心研究、開發新藥的重要模式，」陳綉暉談到，「因為科專支持的經費有限，無法支持每款新藥都走到新藥臨床試驗（Investigational New Drug, IND）進入臨床，所以要聚焦在產業應用性高的核心平台技術，在突破現有平台缺點、申請專利之後，打包技轉給有能力銜接的廠商。」

　　這個階段，可以說是生技中心「第二棒」角色的進階版，在橋接學術界與產業界之際，同時替產業打通未來發展瓶頸，串接產業價值鏈。

　　面對這樣的轉型升級，「選題仍然很重要！」陳綉暉分析：「小分子藥物有逐漸式微的趨勢，且新冠肺炎疫情之後，全球生技產業版圖轉移，包括：大分子蛋白質藥物崛起、核酸藥物配合國家整體生技戰略發展規劃而興起，生技中心必須以最短時間建構相關研發能力。」

創新研發，為疾病治療帶來曙光

　　確實，近年來，平台技術陸續在不同的生技製藥領域，逐步展現成果。

　　新冠肺炎疫情在全球擴散時，各國瘋狂搶購疫苗，可說是一場國際政治影響力的隱形戰爭，許多人至今仍記憶猶新，生技中心也在「國家必須具備戰備疫苗及藥物產製能力」的策略，以及「看好核酸藥物將成為下一代新興生物製藥明星」的前提下，加速展開長

鏈、短鏈核酸藥物與脂質奈米顆粒（LNP）核酸包覆技術的開發。

其中值得一提的，是透過生技中心自主研發的短鏈核酸藥物平台技術，目前已經可以生產純度達到90%以上、百毫克醫藥級核酸藥物。

更令人期待的是，在「2023台灣創新技術博覽會」中，生技中心發表與台大醫學院藥理學科暨研究所教授楊鎧鍵共同開發的短鏈核酸藥物，有機會治療肺纖維化。這項研究係針對新穎的治療標的，若能成功開發將是全球首見。

俗稱「菜瓜布肺」的肺纖維化，簡單來說就是指肺臟受損後的結疤，屬於不可逆的嚴重肺部疾病，會使人無法吸入足夠的氧氣，產生喘氣、乾咳、呼吸困難等症狀，還可能導致癌症病變；而這款短鏈核酸藥物已在臨床前的小鼠動物試驗中證實具有功效，可以降低肺纖維化，為病患帶來一線曙光。

衍生新創，開拓產業新契機

生技中心衍生的新創公司，分別因為不同使命和開發領域而建

如何在現有療法之外，找出癌症治療的新選擇，是台灣生技發展的重要方向。

置成立。

以專攻植物藥開發的邁高生技來說，在2019年衍生獨立之前，就花了近二十年時間，克服部分不信任中草藥的學者專家，挑戰「中草藥成分不容易確認，化學製程管控也不好做」的現實，堅持以西藥標準驗證中草藥，完成了七項植物新藥產品開發，並且全數技轉業界。

不僅如此，它還與生技中心攜手打造台灣植物新藥創新基地，協助廠商完成植物新藥成分分離、純化及產程開發，並且提供從新藥臨床試驗申請（Investigational New Drug, IND）到新藥查驗登記（New Drug Application, NDA）的全程服務，發揮廠商群聚效應，攜手打入國際市場。

「我們希望，以創新創業為核心，每年能有一至二個成功案例進入產業，擴大量體及效益，」陳綉暉強調，光靠技術授權已經無法適應現今快速變化的產業生態。

所以，生技中心呼應經濟部產業技術司設立公告的新創專章，

新冠肺炎疫情之後，
全球生技產業版圖轉移，生技中心必須
以最短時間建構相關研發實力。

鼓勵研究團隊帶著技術進入業界，開設新創公司。

「所以，我們以核酸平台結合CHO-C量產細胞平台、病毒載體三大技術及研發團隊，促成台灣生物醫藥製造公司（TBMC）成立，」涂醒哲說明，TBMC將以委託開發暨製造服務（Contract Development and Manufacturing Organization, CDMO）的商業模式，爭取國際訂單，專注在傳訊核糖核酸（mRNA）藥物、細胞治療產品的生產，「這是比照台積電模式，複刻於生技產業。」

放眼全球，拓展海外觸角

「我們的任務是幫助產業發展，」涂醒哲說得更明白，科專經費只會愈來愈少，所幸目前生技中心一年從衍生公司股票、授權金等獲得的收入還持續成長，「因為有了這些衍生公司的股利，甚至股票交易收入，我們可以有更充足的經費支持其他創新研發，形成正向的循環。」

這樣的模式，其實行之有年。

從最早期以檢驗試劑研製團隊與技術衍生的台灣尖端先進生技，以及之後的毒理與臨床前測試中心、cGMP生技藥品先導工廠及生技藥品檢驗中心，分別衍生成立昌達生化科技、台康生技、啓弘生技，都成為推動國內生物新藥開發不可或缺的關鍵要角。

更重要的是，這幾家公司，都已經陸續將觸角伸向海外，讓台灣生技產業的能量被國際看見。

譬如，以CDMO及生物相似新藥做為兩大營運核心的台康生技，自主開發的大分子乳癌生物相似藥「益康平」（EIRGASUN），已在2023年分別取得台灣及歐盟藥證，將市場拓展到歐洲；啓弘的國外經營則從日本開始，用「站在巨人肩膀上」的模式，與當地百年企業合作，希望打入日本細胞治療與再生醫療領域，縮短融入在地市場的時間。

「雖然國際化的腳步都是團隊自己的選擇與努力，但是生技中心早期的支持與投入，絕對是加速這些公司成長與成功的根基，」陳綉暉一一盤點各家衍生公司的產品優勢及現況後認真分析，「過去，這些衍生公司帶著生技中心的資源與人才進入產業；現在，則是由他們搭橋，讓國際見證到生技中心的專業實力。」

前瞻未來，慎思而行

細數生技中心四十年來的成果與貢獻：

從最初始的B型肝炎疫苗開發，率全球之先實施疫苗注射計畫，阻斷母嬰垂直感染連結，躍居成功防治B型肝炎的國家，成為世衛組織建議其他國家參考的範例……

以單株抗體技術，開發出每劑只要24元的豬隻體內殘留藥物檢驗試劑，協助豬農順利將台灣豬肉銷往日本……

近三十人的團隊，花費九年左右時間，開發出枯草桿菌生物農藥，同時協助主管機關制定相關藥證許可法規，不僅在1999年拿到

台灣第一張國產生物農藥藥證，其後更進軍日本、韓國、土耳其，至今仍年年收取權利金，更為生態農業與有機、無毒耕種的發展史留下重要軌跡……

顯然，台灣生技產業發展的腳步，相當堅實有力。

只不過，若回頭翻看這些早期實績，其中不少發展未能繼續或提前打包技轉，似乎也與時機掌握與否有關。

值得慶幸的是，當時培育的人才及開發的成果，都成為現今友善農業、生物環境保護等產業發展的重要根基。

聚焦優勢，跨域合作

然而，環顧周遭，面對台灣資源及人才有限的現實，又該如何因應？

「對焦台灣優勢，跨域合作，才能突破限制，」涂醒哲說。

推動生醫產業創新是「5+2產業創新計畫」之一，也是總統蔡英文所提「六大核心戰略產業」中的重要一環。

因此，涂醒哲認為，若要持續有所進展、避免重蹈過往失利的

對準新興醫療開發，
方能為生技產業創造最大產值。

覆轍，「對準新興醫療開發，方能為生技產業創造最大產值。」

他分析：「台灣的健保普及、醫學進步、民眾公衛意識高且體系健全……，再加上強大的資通訊科技，都是台灣在醫藥發展上占有的優勢。」

結合科技，再創高產值技術

根據世衛組織對現今熱門的「智慧醫療」（eHealth）所下的定義，乃是將資通訊科技應用在包括醫療照護、疾病管理、公共衛生監測、教育和研究等醫療及健康領域。

「在這個脈絡之下，醫療碰上科技所擦出的每一次火花，都有機會點燃生醫新創動能，使得產業發展更加蓬勃、創造更高的產值，成為台灣下一波經濟成長的重要支撐，」涂醒哲樂觀地說。

展望未來，「說超英、趕美、追日可能太誇張，但是，我們可以先把東南亞六億人口的市場做為目標，接著把腳步擴展到韓國，一步步將生技中心的研發成果轉化成藥品或醫材，以促進人類健康為前提，擴大生技市場利基，這是我們下一階段努力的目標，」涂醒哲語氣堅定地說。

四十不惑，正好趕上大疫過後的全新國際趨勢，面對外界對生技產業的期待與挑戰，生技中心為自己設定了目標。

「多年來，我們不斷砥礪前行，未來也將繼續秉持要做為台灣生技產業『火車頭』的初衷，引領著產、官、學、研各界，結合台

灣產業發展的多元優勢，運用關鍵技術跟全球生技產業對接，」涂醒哲說。

文／陳筱君‧攝影／黃鼎翔

第 二 部
厚植人才

台灣發展生技產業，需要有一個樞紐，
能夠「承上」接收研究成果，
「啟下」轉化為具有市場價值的商品，
才能形成活水，讓產業永續，
而如何培育具備這類能力的人才，
便是關乎台灣生技產業能否真正成為
第二座「護國神山」的一大關鍵。

台灣抗體之父張子文

持續創新
才能被世界看見

在新藥研發界,張子文堪稱是殿堂級人物。不僅擁有多項新藥研發上市、授權的實績,其中更有多項技術或產品寫下史上新高紀錄。而他成功的動力來源,就是長期保持思考能力,在生技製藥領域創新,不斷樹立嶄新里程碑。

「原本一星期就需要打一針，但台灣研發的新藥，只要兩個星期打一針就好，預期未來市場前景好，就看國家是否可以留住這個明星藥物……」說這話的人，是擁有「台灣抗體之父」美稱的免疫功坊創辦人張子文，而他談到的兩種藥物，前者來自國際大廠，後者則是自家的新產品。

抗體界的傳奇人物

談起張子文，若說他是台灣抗體新藥界的傳奇人物，其實一點都不為過。

新藥研發不易，但他在1986年創辦了新藥公司Tanox，隔年（1987年）便發明可治療氣喘的抗免疫球蛋白E（Anti-IgE）藥物「樂無喘」（Xolair）；甚至，即使他在創業十年後便返回台灣，這股影響力至今仍持續發酵。

2000年，Tanox以二點四四億美元在美國那斯達克掛牌，創下當時全美生技公司首次公開發行（IPO）最高金額紀錄。

2003年，「樂無喘」獲得美國食品暨藥物管理局（Food and Drug Administration, FDA）核准，正式上市銷售，造福了全球數億氣喘用戶。2007年，Tanox為蛋白質藥物大廠基因泰克公司（Genentech）以九點一九億美元高價收購。

而傳奇之所以成為傳奇，就在於它永遠會在你想像不到的時候，締造一次又一次新的里程碑。

適用於對抗異位性皮膚炎、緩解哮喘等過敏反應的FB825、抗過敏單株抗體UB221、愛滋病藥物TNX-355……，細數下來樣樣都是成績斐然；其中，FB825更是在2020年4月，仍處於早期臨床階段，就由合一生技以五點四億美元的金額，授權給丹麥的利奧製藥（LEO Pharma），在台灣新藥史上創下新高。

不過，張子文在國際生技產業界闖蕩多年後，1996年回到台灣時的第一份工作，生涯卻出現了大轉彎，改從學界出發。

改革決心獲青睞

「我原本覺得不可能啊！」張子文回憶，當時他受邀擔任清大生命科學院院長，但這份工作完全不在他的生涯規劃中，因此一開始選擇婉拒，後來實在禁不起清大兩任校長沈君山、劉兆玄三顧茅廬拜訪、邀請，再加上他獨具慧眼，看見台灣學術界確實需要改革，才同意接下這份重擔。

然而，改革本來就不是容易的事。張子文上任後，啟動多項革新措施，但各種反彈也如預期般蜂擁而至。後來，更因牽扯到教授升等一事，遭到生科院十八位教師以忽視多數教師意見為由連署罷免，「我是清大在台復校後，第一位被罷免的院長，」張子文笑著談及二十年前的往事，面容不見怨懟，盡是雲淡風清。

離開清大生科院，張子文原本以為自己可以休息一段時間；沒想到，他這種敢做、敢突破、敢改革的個性，反倒獲得生技中心青

睞，邀請他擔任第二任執行長。於是，他再度披上戰袍，負責推動台灣生技產業發展。

時序進入千禧年，「當時政府對台灣生技產業懷抱很高的期待，希望它能與國外藥廠鏈結，成為下一座護國神山，」張子文回憶，當時政府投入經費，希望生技中心可以建立一套評估系統，經由挑選並引進國外有價值的研發新藥技術，或是進一步投資具潛力的生技公司。從此，再次開啟他新一波的改革之旅。

要做研究，但不能只做研究

2000年，張子文接手的，是已經成立十五年的生技中心，主要專注於小分子藥物「me too」模仿研發；而他上任後發現，國內許多企業想轉投資生技產業，希望能找到創新的產品或技術標的。

看見產業需求，但標的從哪來？他決定雙管齊下尋找。

一方面，他透過生技中心的駐海外單位，在國際間找尋創新技術，引進品質較佳的投資專案，提供給國內廠商，抑或協助業者承接技術移轉；二方面，他心想：要推動產業發展，就不能只看眼前，必須要有長期思維。既然如此，為何不在生技中心成立產業策進部門，做為政府的幕僚單位，專責思考規劃台灣未來的發展。

而BioFronts，就在這樣的概念下應運而生。

「生技中心不應該只做研究，」張子文指出，過往的生技中心是守在實驗室，一心只想專心做好研發，鮮少思考自己是否還有其

免疫功坊創辦人張子文（右二）大方分享，持續思考如何利用免疫學的觀念，在生技製藥領域不斷創新。

他的突破可能，例如：培育不同類型的人才、扮演規劃、策動產業發展的角色，但張子文認為，生技中心需要改變，應嘗試鎖定有創新性、有商業開發價值的計畫進行研究，吸引民間企業投資。

組織再造，逐步落實 BioFronts

如此巨大的轉變，既有的保守體制能否因應？是否有足夠的人才，可以持續推動？「所以，我們開始進行組織再造，重新定位各部門的角色，」張子文說，他邀請專業的管理顧問公司勤業眾信評估，協助生技中心進行轉型。

這段過程，台灣如何配置、養成人才，至關重要。他舉例談到，有些新藥研發計畫需要與國際公司銜接，此時便需要有技術分析、鑑價、專利分析等人才；此外，新藥一旦成功在國際間上市，將可能產生巨額獲利，而國內生技醫藥業者因開發或引進新產品及技術，亦可能涉及使用外國營利事業的專利權、商標權及各種特許權利法規……，諸如此類的疑難雜症，都需要不同專業的法務人員給予協助。

> 生技產業必須擁有具備創新發明能力的人才，研發出具高影響力的產品。

然而，「生技中心當時沒有經費可以聘請律師，但我堅持，一定要聘雇專業律師，才有資格真正與國際接軌，」張子文說。

　　此外，他也針對現有人員，做出大刀闊斧的改革，包括：裁撤效率不彰或不適任的人員，調整行政人員跟研發人員的比例。

　　「生技中心是產、學之間的橋梁，我們應該把自己定位在產業界建立與執行研發計畫的夥伴，或是生技藥物製程開發、臨床前研究專才中心，」張子文認為，在資源有限的情況下，「生技中心的人力配置，應該要有更多的研發人員才合理。」

　　因此，他大幅降低行政人員的配置，先把行政人員與研發人員的比例調整到1：2，後來又再調整為1：5。

　　而在BioFronts計畫進行約一年後，為了讓生技中心扮演好串連學界與業界的角色，張子文又在研發部和行政部之外，增設產業發展處，負責協助推廣、執行技術或策略聯盟所需的國際專案談判。

　　除此之外，他觀察到，生技中心規模不大，卻聘用了四位司機，當下決定只留一位，「結果有司機衝到辦公室威脅要自殺。」對此，他直言，這些做法雖然讓當下的整體氛圍不是很好，但秉持當年創辦Tanox的魄力，針對生技中心的組織改革，他相信：「這只是陣痛期，很快就會過去了。」

　　面對同仁的反彈，張子文積極協調化解，改革的腳步未曾停緩，也逐漸收穫成果。

　　從2000年到2003年，張子文在生技中心任職的時間或許不

長，但透過他一手打造的BioFronts計畫，培育了不少優秀人才，例如：鴻準生醫投資長洪偉仁、智合精準醫學科技執行長汪嘉林、圓祥生技董事長黃瑞蓮，都因這項計畫而奠定扎實的經營規劃能力，而黃瑞蓮與汪嘉林也先後擔任生技中心第三任與第五任執行長，不斷為產業發展注入新血。

廣納人才，建構平台

「我們去國外參展時，台灣整團有兩百多個製藥業界的人，」他開心地說，相較於日本，他們在亞洲新藥研發領域已經頗有規模，整團也才二、三十個人，「我們的團員幾乎是他們的十倍。」

不過，張子文還想把研發團隊的技術磨得更利一些，於是他開始建立對產業有移轉價值的創新計畫，「我的目標是，三年之內，要讓所有研發人員的技術能力再提升，建立生技中心專有的技術平台。」

解決人才面的問題後，在技術面，張子文將抗體技術帶入台灣。然而，爭議再起。

抗體是新型技術，有利生技產業蓬勃發展，但若要發展抗體技術，是否該有蛋白質先導工廠？在當時，因設立經費高昂，引起一片反對聲浪。

「假如台灣連一個先導工廠都沒有，如何讓國際看到台灣發展生技產業的雄心壯志？」張子文直言。這番魄力與遠見，即使他已

經離開，卻仍在生技中心裡默默醞釀。

2013年3月，台康生技、台耀化學與生技中心簽訂三方合資協議，由台康生技承接生技中心cGMP生技藥品先導工廠經營權，並完成移轉所有關鍵技術及研發生產人員，同時承接先導工廠團隊完整的技術，包含細胞株建立、量產製程開發、分析技術開發、藥品優良製造規範（Good Manufacturing Practice, GMP）品質系統運作，以及動物細胞與微生物兩座食藥署認證的cGMP廠房，不僅建立了台灣蛋白質藥物初步生產量能，也為日後衍生的新創公司——台康生技，打下重要基礎。

懷抱熱情，不斷思考

一次次的成果，讓張子文的人生成績單顯得相當精采。但，他是怎麼做到的？

「我總是不斷思考，如何利用免疫學觀念，在生技製藥領域再創新，」問起張子文的成功之道，他大方分享。

卸下生技中心執行長一職後，張子文自2006年起，擔任中研院

> 生技中心應該培育不同類型的人才、
> 扮演規劃與策動產業發展的角色。

基因體中心特聘研究員，而他沒想到的是，竟然會因為對於免疫學研究的熱情太過濃烈，不顧夫人反對而再度創業。

免疫學者再創新

當時，國際免疫學領域陸續推出免疫查核點抑制劑新藥及抗體藥物複合體（Antibody Drug Conjugate, ADC）、CAR-T細胞療法陸續問世，這些全都是從免疫學觀念衍生出來的新突破。身為免疫學者，真的很難不心動。

「是否可以利用免疫學觀念，在生技製藥領域再創新成果？」張子文開始思考，最後決定獨資投入七百萬美元，在2014年成立免疫功坊，並開發出新一代抗體藥物技術平台「T-E」，再次啟動研發新藥的壯舉。

訪談那天，他特別提到，丹麥製藥公司諾和諾德（Novo Nordisk）推出的減重藥物Wegovy，號稱每週僅需要服用一次，就可以減少15%體重，成為全球熱門減重神藥。

但，免疫功坊正透過T-E技術平台研發新藥，藉由在GLP-1多加一條脂肪酸束，就能創造出劑量使用更少、效果維持更長、功效也更強的減重藥物TE-8105。

張子文自豪地說：「TE-8105目前已經在糖尿病肥胖模型、高脂飲食肥胖模型老鼠實驗中證明優勢，即將進入臨床試驗階段。」

轉眼，免疫功坊成立至今已經十年。這段期間，透過T-E技術

平台研發出多項極具潛力的新藥計畫，每一項候選藥物對應的是多個龐大的治療商機，包括：降血糖、長效胰島素、神經內分泌瘤末端肥大症，以及血栓溶解劑等，陸續將進入臨床，再次為台灣開創了多項世界級新藥，同時培育了不少生技人才，更讓免疫學觀念得以透過產品，在生技產業被實現。

　　一路走來，張子文屢屢刷新台灣新藥研發紀錄，將研究與產業完美結合。擁有三、四十年跨界歷練的他，對於台灣生技產業的未來，如何看待？

　　「我們缺乏的是高影響力的產品，因為有影響力，才能創造營收。」停頓了一會兒，他接著說：「但這樣的產品，並非短時間可以做到，必須扎根教育，才能培養具備創新發明能力的人才。」

　　張子文始終相信，只要創新的量能夠大，就可被全球關注，進而讓產品價值提升，辛苦研發的新藥也才有機會被看到，乃至吸引投資者青睞，而他自己就是最好的例子。不斷思考、保持熱情、不斷創新，是這位叱吒新藥研發三、四十的生技戰將，對生技中心、台灣產業與後輩最殷切的期盼與叮嚀。

文／洪佩玲．攝影／黃鼎翔

新藥「第二棒」推手汪嘉林

理論加實務
掌握精準醫學契機

2010年前後，正值台灣生技業的起飛期，汪嘉林推動
一系列改革，引領生技中心邁向企業化經營，扮演新藥
產業鏈第二棒角色，並且積極培育優質人才，將影響力
拓展至產業，加速台灣生技業的蓬勃發展。

「放眼台灣的生技產業鏈，擁有最多、素質最好人才的地方，絕對是生技中心，」儘管已經屆齡退休多年，獲延攬至智合精準醫學科技擔任總經理，生技中心前執行長汪嘉林談到台灣近十五年來蓬勃發展的生醫新創產業，依舊不吝讚揚生技中心在其中扮演了人才培育與加速產業發展的關鍵角色。

打磨璞玉成鑽石

汪嘉林長期活躍於生技產業，對於產業鏈上、中、下游的研發、試驗與製造等產、官、學、研各單位十分熟悉。他細數：「曾任職生技中心，被生技產業挖角擔任副總級以上人才，少說也有三、四十位。這些人才彷彿像是一塊塊璞玉，經過生技中心精心打磨與完整歷練，一個個都成為閃閃發亮的鑽石，肩負起帶動台灣生技產業向上提升的重責大任。」

而這一切，必須溯源至 2009 年行政院推動的「台灣生技起飛鑽石行動方案」，成立生技創投基金、銜接國際、引進並建立制度與法規、推動研發產業化，打造完整的產業價值鏈。

當時，生技中心配合國家對生技產業的整體政策規劃，從學術界承接具有開發潛力、產業化的題目，擔起第二棒的角色，承接自第一棒學研界的研發成果，同時引進國外創新技術與研究，經過進行臨床前的開發與加值，再移轉至第三棒，讓生技醫藥廠商將研發成果擴展商品化。

汪嘉林回憶：「當時國際生技醫藥學界正好將目光逐步轉向蛋白質抗體藥物，生技中心看準這波全球趨勢，積極進行蛋白質藥物的毒理、藥理試驗，乃至於臨床試驗階段，成功奠定台灣蛋白質藥物開發上市的根基。」

然而，之所以會將生技中心的任務以「第二棒」定位，其實是來自一種危機意識。

產業化能量不足

「斷鏈！」這是當時台灣生技業的窘境與瓶頸，也是為什麼需要生技中心承接起「第二棒」的關鍵原因。

「台灣學術能量強，卻有一個最大的問題，就是學校或研究單位在設計題目時，往往從論文發表的需求考量，很少想到如何落實『產業化』的可能，」汪嘉林強調，「所以我們必須很精準地『選題』，儘管真正得以開發上市的題目，可能只有一、兩成，但就是要設法找出來。」

> 生技人才就像塊璞玉，經過不斷的歷練與打磨，才能成為閃亮的鑽石，帶動台灣生技發展向上提升。

為了打破學術界和醫界的藩籬，汪嘉林先從內部改革做起。

他分析，當時台灣藥廠多專注於小分子藥物製造，可是國際市場已經轉向蛋白質藥物發展，而上市櫃的生技公司僅約四十餘家，多數規模有限，無法負擔整體試驗、研發費用。

汪嘉林說：「國外藥廠規模夠大，可以全部自己來，但是我們必須要由國家率先投資，所以一開始生技中心投入建置基礎設施，對於蛋白質藥物產業化的發展與人才養成就非常重要。」

創造對話機會

可是，內部改革並不容易。

「為什麼要改變既有的工作模式？」

「從前那樣做就很好了，為什麼不能繼續照著做？」

「換一種方式會比較好嗎？如果變得更糟怎麼辦？誰要負責？」

一連串的雜音接踵而來。

「收到很多反彈啊！」汪嘉林笑著說，「可是，即使引起許多反彈，為了走對的路，還是要堅持下去，因為我希望藉由這個具影響力的改變，帶入企業經營觀念，突破傳統藥品研究、開發型態。」

不過，選擇堅持，並非不知變通，他同時也祭出了「胡蘿蔔」。

「要讓研發人員從單純技術研發，調整方向到思考後續商品化、產業化的可能，勢必要提供一定程度的誘因，」汪嘉林笑著說：「所以，接手執行長之後，我就先將部分原本固定發放的獎金

> 研發人員不能只單純從事技術研究，
> 更需要創造與學界和醫界的合作機會，
> 拓展研發量能。

改成『績效制』。」

所謂績效，他著眼的是提升同仁的主動性、多元性與市場性，尤其不能閉門造車。因此，緊接著，他以「共同題目」串連不同領域，開啟生技中心內部研究人員相互對話的機會。

「我們強調團隊合作，內部要先對話、連結，才能與外部對話，尋求與學術界和醫界合作的機會，由內而外整合串連，」汪嘉林補充說明。

於是，在跨領域合作、選題的氛圍之下，他又進一步鼓勵研究人員，在與醫界對話之後，自行提出研究計畫。

培育理論、實務並濟的將才

「審查研究計畫的評審，全部都是生技中心自聘，所以自由度很高，」汪嘉林說明，開放跨領域合作、自由選擇的做法，目的是創造更多元的對話空間、訓練大家不同角度思考的能力，所以，「雖然每個計畫只有兩、三百萬元，但是一定要在臨床醫師的引導

下執行，並且做好市場競爭力分析。」

此時，已經不難看出，他正在逐步布局，為生技產業培育能夠串連理論與實務需求的將才。

透過這種人才培育模式，汪嘉林不只陸續發掘了許多可能商品化的選題，更重要的是拓展研究量能、放大到業界，他說：「啓弘生技、昱厚生技這些衍生公司或技術移轉的成功案例，就是在這種情況下陸續誕生的，尤其是啓弘，在起案的時候就已經寫明，五年就必須以『衍生公司』的形態獨立出去。」

尊重不同選擇

當生技中心以這樣的邏輯運作，便開始有愈來愈多研發人才在接受了系統化培訓之後，擴展研發時的思考層面，從跨域合作、上下游對話，到募資、公司營運，每每遇到新的挑戰，都能知道自身弱點，進而想辦法補強不足。

不過，也不是每個人都願意改變現況。

> 開啟跨領域合作、創造對話空間、訓練不同角度思考的能力，才能為產業培育可以串連理論與實務需求的將才。

「對於少數同仁們的想法，我們也應該尊重，」汪嘉林雖然擁有改革的魄力，卻也能同理每個人都有不同的個性和能力。他以毒理中心衍生進入昌達生化為例，要達到最佳狀態，整個團隊約有三、四十位同仁必須跟著轉任，「但是大家都知道，出去之後就是實打實上戰場了，必須自負盈虧、壓力也很大，便有少數人非常抗拒，甚至因此離職。」

可喜的是，當生技中心給予彈性，讓人才可以自由決定要留任或跟著計畫出去創業，隨著衍生公司或技術移轉的速度和金額愈發快速與龐大，不少同仁願意選擇改變，汪嘉林說：「這就代表我們對於人才培訓的新陳代謝更加成熟，願意接受挑戰、到藍海尋求發展的人，自然變得更多了。」

積極養成新興領域高階人才

展望生技產業未來的人才養成，汪嘉林以他自己從研究人員到研發機構管理者、新創公司經營者的經歷，分享自己的見解：

「國內中小型生技公司如雨後春筍般生氣蓬勃，但仍須借重生技中心的專業研究成果及顧問服務，才能持續壯大發展，這些是生技中心目前就能夠做到的；然而，要更進一步切入新興領域，所需要的先進技術、研發人才養成，則需要靠國家介入。」

「以現在當紅的mRNA來說，台灣產業界不可能有足夠人才，但是生技中心可以系統性地以國家經費、派員和國外業者洽談，提

供進入相關實驗室合作受訓的機會。」

此外，他提到，許多國際性的優秀生技人才都是出身於台灣，例如：工研院院士楊育民、維梧資本投資公司（Vivo Capital）合夥人孔繁建等，如今他們在國際生技界，都是相當有影響力的人物，有自己的公司、實驗室，也都非常願意跟台灣合作，「我們要多與這類型的人才溝通交流，才有辦法帶著台灣生技產業打入國際。」

再者，若要掌握新興領域的開發契機，汪嘉林認為，積極參與國際研討會是發掘選題的大好時機：「國際學術界的先期投資大約僅需要十萬美元到二十萬美元，生技中心可以動用自籌款，從實驗階段就參與研發，不僅是訓練人才的機會，日後若能成功上市，也是另一種國際合作的成功範例。」

積極創新也要懂得停損

目前，汪嘉林正全心投入精準醫學領域，運用免疫分子技術開發抗癌抗體及疫苗，從動物試驗的結果來看，他樂觀看待對胰臟癌的抑制效果。而懷抱對於生技界的期許，在訪問即將結束的那一刻，他忍不住再次開口，再為大家上一門很重要的課：

在新冠肺炎期間，他所率領的研究團隊，也曾以免疫分子技術，希望研發新冠疫苗，但，「後來mRNA疫苗成功上市，而且效果非常好，我們就當機立斷停下來。開發新藥的成本很高，跟投資股票一樣，懂得停損更是重要。」

不過，「最重要的還是人才，」汪嘉林再次補充：「生技中心對於人才的培育就像接力賽般，一代傳一代。期待這種優良傳統可以延續下去，台灣的生技產業才能蓬勃發展、充滿生機。」生技老將對於產業的殷殷期盼，不言可喻。

文／陳筱君‧攝影／黃鼎翔

產學研整合者吳忠勳

好人才要能把
好研究變成好商品

研究必須從健康需求出發，才能創造出價值，是吳忠勳
長期以來的信念。在他擔任生技中心執行長期間，也以
此為目標，並讓技術授權的紀錄不斷推高；而當他重返
產業界，便帶著有創業熱情的人才，一起實現理想。

「**要**在困境中找出路來！」台灣生物醫藥製造公司（TBMC）特聘顧問吳忠勳，剛卸下生技中心執行長身分不久，若請他分享自己二十多年來，投入生物製藥研究開發與率領團隊走過的生命歷程與挑戰，他會先以打趣的口吻，聊聊自己當初從美國華盛頓卡內基研究所（Carnegie Institution of Washington）返回台灣，進入台灣大學醫學院分子醫學研究所擔任副教授的決定，再認真給出這個結論。

「當時是戴著一頂鋼盔回台灣，」他形容。

那是在1996年，台海飛彈危機的緊張時刻，吳忠勳潛意識裡動了想回故鄉的念頭：「當時我跟美國老闆開玩笑說，台灣冬天濕冷，跟美國的乾冷氣候大不相同，但是因為台灣『錢很多』，所以我要回來。」

當然，實情並非如此。在他返台後寫給美國老闆的信中，顯露了真相：「台灣的夏天跟美國一樣晴朗，天氣非常好；錢很多，但都是研究經費，而非個人收入。」

個性幽默風趣的吳忠勳，雖是玩笑之語，卻也看出他務實又兼

臨床試驗需要和學界合作，對於生技相關科系的碩、博士生來說，是重要的實務訓練。

具理想性的特質。

「賺錢當然重要，企業有錢才有能力繼續投資在更前瞻的設備與研究，個人有錢才有動力持續投注熱情在工作上，」直言不諱的他，一句話反應出一個事實——在新藥開發的路上，需要燃燒大量經費，要從中找到商機、走到最後一哩路、順利上市，對於研究人員來說，是一條漫漫長路，需要實際的鼓舞與支持。

從學研界到產業界

「在台大教書那五年，給了我充足的養分。當時，台大醫學院院長謝博生規劃了午餐會所，大部分的臨床醫師、臨床教授，以及像我這樣的基礎學科教授，每天都可以在裡頭用餐、交流，形成很好的互動，」吳忠勳侃侃而談，那段期間，他除了學理研究，也累積了充足的臨床心得，後來還毅然辭去教職，與台大免疫所創所元老之一的林榮華共同創業，陸續設立了兩家生技公司，持續進行治療性抗體相關新藥開發。

當時，抗體藥物逐漸成為新藥開發主流，許多相關研究如雨後春筍般產出，「全球前十大暢銷藥裡，大概有七、八個都是抗體藥或基因重組藥，」吳忠勳笑著說，好不容易投入創業行列的他，也因對抗體藥物的深入研究獲得延攬，進入生技中心，從生物製藥研究所所長一路做到第七任執行長，不斷帶領團隊進行研究。

從學界到產業，再進入研究圈，吳忠勳直言：「對生技中心的

觀感翻了好幾圈。」

以前當教授時，站在門外，對生技中心有很大的期許，難免會有一些恨鐵不成鋼的感覺；直到親身投入產業經營、了解台灣整體產業鏈的現實，才慢慢懂得生技中心的難為之處，包括：在有限條件下，嘗試推動法規鬆綁、突破法令限制，將台灣新藥研究、開發趨勢，從產出導向逐漸轉為需求導向……，其中艱辛過程真的是不足為外人道。

事實上，吳忠勳也無意訴苦，而是回歸初心：「現在，無論是政府或民間單位，投資在臨床實際需要、能救命、能改善人類健康藥物上的資源，都明顯增加了，帶動整體生技產業持續進步。如同我離開生技中心前對同仁所說：如果我們的貢獻讓別人想到『偉大』兩個字，一切也就值得了。」

橋接研究與產品

吳忠勳堅信：「研究的價值必須從健康需求出發，且要與價格等值。」在這樣的領導風格下，生技中心開始轉變了。

以他專攻的抗體製藥研究開發為例，過去，對學術單位來說，找到抑制過敏或免疫反應的機制，是非常重要的發現，但往往止步於此，沒有延伸下去；相對，如果將這項技術運用在研製單株抗體藥物，一旦成功，就能抑制病患體內過高的免疫反應，用在治療免疫疾病、各類癌症及感染性疾病，都能達到良好的療效。

台灣生物醫藥製造公司特聘顧問吳忠勳
（左三），為想闖蕩業界的同仁開了一扇
門，讓優秀的人才可以有更多職涯選擇。

「這就是從一個抗體與免疫相關研究中，發現具市場競爭性，再持續發展出更多產品的例子，」吳忠勳說：「所以，需要有一個橋梁，讓生技公司把好的研究轉化成好的產品，把學術研究上發現的重要機制運用在治療人類疾病上。」

但，這個過程並不單純，必須結合許多研究人員的努力，才能完成不同階段的實驗。

吳忠勳舉例指出，譬如臨床前的測試，主要針對毒理、安全性等方向；進入臨床試驗後，便著重在了解藥品對人體的安全性與有效性……，不同階段的實驗都代表不同的意義，而在過程中有一部分必須和學界密切合作，「這對生技相關科系的碩、博士生而言，是非常重要的實務訓練；對企業來說，則是對於未來人才的培訓與投資。對各方來說，都是合作共贏的結果。」

問題是，該如何營造整體環境，才能為這群經過扎實訓練的人才，創造最大的就業利基，讓他們在規劃未來人生時，除了出國進修研究、技術深造之外，也能把為進入台灣產業界貢獻所學一併納入考量？

對此，吳忠勳分享自己的經驗：

「我當年創業的兩間公司，在二十多年間研究開發並申請了十四項專利，不僅全數成功對外授權，還有一項抗體藥物受到國際矚目，最後以高價被德國藥品大廠百靈佳殷格翰取得技術授權移轉，成為國內首例。如果能夠朝這個方向發展，台灣生技業就能藉

由技轉帶來許多商機與實質獲利，利人也利己。」

因此，強化橋接學界與產業界的功能、增加相關生技人才就業機會、提高技轉權利金，都是吳忠勳在生技中心十年間，持續思考、推動的方向。

讓價值與價格等值

然而，提到技轉權利金，研究專業出身的吳忠勳嘆了口氣，語帶無奈地說：「生技研發曠日廢時，過去生技中心的技轉授權金通常僅有兩、三百萬元，與那項技術帶來的影響與改變，可說完全不成比例。所以，提高技術移轉權利金，也是我給自己最重要的工作之一。」

因此，吳忠勳十分重視需求導向，認為研究必須與產品密切連結，「唯有讓產品來延伸研究價值與產出，才能增加技轉的機會、提高權利金。」

在這樣的策略下，生技中心技轉授權金逐步提升，從兩、三百

好的研究要能轉化成好商品，必須結合許多優秀研發人才的努力，完成各個階段的實驗，並和學界密切合作才能成功。

萬元增加到數千萬元，甚至在 2023 年年初，更以六點九億元授權金寫下歷史新高，將新一代抗癌新藥抗體藥物複合體（Antibody Drug Conjugate, ADC）雙轉移酶醣鍵結（Dual Transferase Glycan Conjugation）技術，技轉給生技製藥大廠旭富集團轉投資的嘉正生技，由嘉正生技接手持續投入臨床試驗。

「這個案子若能順利進行，可望於五年後成功，讓這款國際大廠紛紛投入開發的更高階抗癌精準治療新藥，為台灣的生技研發再次寫下輝煌歷史紀錄，」吳忠勳語帶期望地說。

「做為執行長，當同仁們研發出有價值的技術之後，我就有責任讓價值與價格相等，把成果分享給同仁，」吳忠勳說。

更重要的是，他不僅這樣期許，更設法落實。

在研究經費日益減少的情況下，吳忠勳為生技中心開拓了另一道財源，也強化了創新創業的機制，為想闖蕩業界的同仁開了一扇門，讓優秀的人才可以有更多職涯選擇，同時也為台灣生技圈注入新血。

「勇氣」是推動前進的力量

新冠肺炎疫情對全球造成重創過後，世界各國已將核酸藥物（mRNA 藥物）視為戰備物資，同時也希望能擁有 mRNA 藥物的自製能力，台灣也不例外。

由生技中心與工研院共同籌組的台灣生物醫藥製造公司，便是

在這樣的情況下，於 2023 年 5 月正式成立，將比照台積電模式，以委託開發暨製造服務（CDMO）做為主要商業模式，致力於製造 mRNA 及細胞治療等多種不同類型藥物。

吳忠勳豐富的產、學、研經驗，也再度被借重，不惜一切參與打造生技業護國神山的重任。

他笑說，這次重返產業界，彷彿再度背負三十個家庭與投資人的期盼走上戰場，但是憑藉這股「勇氣」將帶著他前進，而生技中心的歷練，則成為豐厚養分，幫助他在新職涯中得以發揮整合之力，運用豐富的產、官、學、研等跨域與國際化經驗，再次為生技產業貢獻一份心力。

文／陳筱君・攝影／蔡孝如

生醫商品化橋接者張綺芬

優秀人才也要有
伯樂一起走

生技中心的歷練，讓張綺芬的人生路從此改變，從原本只是專注研發，到進入產業界，進而勇敢挑戰創業夢。回顧逐夢踏實的歲月，她感念生技中心給她的磨練與包容，願意陪著她持續不斷成長。

「**如**今的我，可以在台灣生技業界，找到足以發揮能力的一片天空，要歸功於生技中心給我的訓練，」艾沛生醫執行長張綺芬分享。

台大化學系所出身的她，研究所畢業後，先到工研院工作了兩年，從純學術研究轉進了法人的應用研發，領域也從有機化學到工業合成，再轉進到環境分析，視野變化讓天生血液中流動著對未知專業好奇的她，毅然決然到國外攻讀博士，因緣際會又深度接觸了生物學、蛋白質及分子生物學。

1998年，張綺芬學成歸國，選擇進入生技中心，投入蛋白質生物分子研發工作，從此啟動了改變一生的齒輪。

魔鬼訓練，啟發多元長才

張綺芬回憶，2001年，時任生技中心執行長張子文，意識到台灣生技產業若想跟國際大廠接軌，生技中心應該扮演其中的橋梁，不能只是做研發。

為了讓產、學、研各界能有更緊密的聯繫，也讓研發成果更符合業界需求、具有商業價值，張子文開始進行組織改造，設立研發處、產業策進處雙軌制運作。

同時，他積極推動「BioFronts」計畫，在國外五個生技重鎮設立海外據點，並邀請具有豐富人脈與經驗的生技專家（Liaison）來主持，並主動搜尋國際先進生物技術，進而引進台灣。

所謂的BioFronts，意指走在「生技的最前端」，這項計畫除了需要主動在國際上尋求具備商業價值的創新技術，同時也要在台灣內部成立評估團隊，媒合國內能夠承接的研發或投資合作夥伴，目標則是要由生技中心出面與國外簽約，取得專屬或區域授權，進而進行技術優化或策略聯盟、吸引企業投資，期盼能夠將台灣生技能量提升到國際舞台。

　　針對Liaison發掘的技術，生技中心的評估團隊必須就可行性、專利保護、產品競爭性、發展中可能遇到的困難等各個面向進行評估。而張綺芬對接的兩位Liaison——汪嘉林與黃瑞蓮，後來也成為生技中心的執行長。

　　張綺芬說：「來自波士頓、倫敦、聖地牙哥、華盛頓特區、舊金山五個駐海外單位的Liaisons，每年精心挑選提供上百件新創公司的提案，每個經手的案子，我們團隊都必須進行深度的技術、專利及市場分析，而因為需要進行技術媒合，對於國內承接的能量及法規，也必須有所了解。這項工作含括了科學、專利、商務及法務等

只要抱持著開放學習的心態，就算是終日專心於研發的科學家，也能夠跨域發展，打造新事業。

諸多面向，是歷練、是學習、是挑戰，更是一種刺激，參與其中很過癮。」

但，張子文告訴她：「要改革生技中心，人才必須先行。」

為讓自己對相關領域能更專業，張綺芬最初一年幾乎每個週末都必須進行深度學習，課程內容包含專利、商務談判及知識管理等各種系列課程。此外，張子文更提供她到誠信創投生技公司和沈志隆（現為台杉生技基金合夥人）學習投資的機會，但條件是生技中心的工作還是需要並行，如此有系統性又隨機性的跨領域學習，讓她感到陌生、興奮……，一時之間各種情緒滿溢。

這種跨領域學習，如今不少人已耳熟能詳，但在當時並不普遍，「所以，我真的很感謝張執行長，也很感謝當時每個Liaisons鼓勵，有這樣前瞻的理念，讓我能夠從中成長，」張綺芬對此不禁有感而發。

這也正是驅動生技中心研發人才轉型提升的最佳方式之一。

研發人挑戰創業夢

看過上百個新創公司的提案，感受到每一位創業者挖掘與解決問題的熱情，以及把技術從實驗室落地到產業的努力，加上張子文手把手親自教授與磨練，翻轉改變了張綺芬的思維及做事風格，甚至起心動念：「是否應該走出去試試？」

正逢此時，她接觸到藥物基因體學專家、中研院院士陳垣崇，

從研發走向創業，艾沛生醫執行長張綺芬（中）感念伯樂的提攜，因此懂得與不同專業的人合作，以開放的態度學習，也更願意提供好人才發揮的舞台。

從此開啟她的職涯新起點。

2004年，陳垣崇在中研院實驗室，領先全球找出抗癲癇藥物「卡馬西平」（Carbamazepine）和抗高尿酸藥物「安樂普諾」（Allopurinol）過敏基因，於是邀請沈志隆擔任新創公司世基生醫的總經理，張綺芬則因擔任過該專案的開發及募資規劃，於2005年受邀加入團隊，正式離開生技中心，進入生技產業。

而累積十餘年經驗後，張綺芬的人生又進入一個新的里程碑——2022年設立艾沛生醫，聚焦異體細胞治療，並在生醫商品化中心協助下，完成市場專利分析，朝向異體細胞先導生產發展，真正實現了創業夢。

學習與不同專業的夥伴合作

歷經生技中心及商業市場的薰陶洗禮，張綺芬對於人生路上的各種境遇，始終充滿感恩，也深信只要抱持著開放學習的態度，就算是專注於研發工作的科學家們，也有機會跨出不同領域，闖出一片天。

張綺芬說：「記得初加入世基時，由於人類基因解碼成功，生物資訊學及分子生物學技術突飛猛進，而我有近十年未接觸這個領域的新知識，因此，對領域中很多專有名詞非常陌生，當時心裡頗為緊張及沮喪，但當時共同創業夥伴告訴我：『陳垣崇院士已經在做前面技術的科學，我們應該是要推著技術往臨床走，毋須往回

看，不用擔心，各有所長！』」

簡單的一句話，卻在當下形成一股動力，陳垣崇已經在做讓她不畏艱難往前衝的開路先鋒。

對生技研發人才來說，想從研究跨足創業，就必須抱持以終為始的態度及邏輯，撰寫商業計畫書，才能夠成功募資去追逐創業大夢，而這部分，生技中心提供了非常好的學習機會。

張綺芬以自己為例，談及執行BioFronts時，當時需要與產業界進行密切聯繫，就得學習寫企劃書，也要幫忙申請政府補助計畫，還要會做產學合作……，在不同工作專案的訓練下，她逐漸理解商業計畫書的架構，包括如何進行財務及股權規劃。

因此，張綺芬給予有志於投入生技產業人才的建議是：抱持開放態度、跨領域學習，試著與不同專業的夥伴合作，甚至可投入不同職能的工作。

而生技中心，正好提供了產業鏈中不同型態的工作職掌，對於新世代的生技人才來說，是非常適合累積專業經驗的孵化器。

沉浸生技領域超過二十五年，張綺芬在職涯看似順遂，因為沿

跨域學習，是驅動生技中心人才轉型的最佳方式之一。

途一直都有貴人及伯樂扶持，有夥伴共同支撐，「每個好人才都需要伯樂相助，願意給予舞台發揮，耐心陪伴並彼此包容，才能真正一起成長。」

願做鋪路石，甘為扶人梯

她深信：「願做鋪路石，甘為扶人梯。」意即管理者不僅應該身先士卒，更應該努力為團隊成員創造良好的條件，成就他人也是成就自己，所以當上級要責罵，主管要陪著一起被罵，但責任最後由主管承擔；人才不該被埋沒，主管更是應該給予同仁表現的機會。」

至於找尋人才的標準，張綺芬則認為，「除了著眼於經歷和專業之外，還要重視是否具備團隊協作力和領導力，更要大膽雇用比自己能力好的人。」

另外，她補充，領導者也要懂得彎下腰、認清自我、承認不足，才會有努力向上的空間，因為當領導者變得愈來愈好、愈來愈專業，整個團隊、公司才會一起往好的方向邁進。

> 生技人才想從研究跨足創業，
> 必須保持以終為始的精神去學習。

這一點，「生技中心就做得很好，」張綺芬指出，在生技產業，公司要持續成長，研發人才相當重要，而研發部門一向是生技中心的重要基地，加上生技中心希望同仁都有機會到不同領域磨練，因此會適度輪調，培養同仁的專業能力並開發潛力，這對個人或組織，乃至產業永續發展，都很有幫助。

文／洪佩玲・攝影／蔡孝如

免疫學專家吳佳城

技術人脈並濟
實現創新創業理想

自國外研究返台即加入生技中心，主導參與多項學研合
作專案，吸取如何將知識轉化為產品的經驗，吳佳城在
生技中心十一年讓他接觸多位貴人，也開啟自己的創業
旅程。

「**我**們研發的是抗癌新藥,但我希望,它不只是在實驗室有效,而是能夠真正落地,造福癌症病友,」友生泰生醫執行長吳佳城談起公司成立的初衷,面色不禁有些凝重。

提到友生泰的癌症新藥,得從他與林口長庚醫院合作的全球首創導彈式癌症專一性標靶胜肽技術平台(FnCTP)說起。

「它是一種創新的癌症療法,可以讓抗癌藥物有如自帶『導彈』般,精準專一地殲滅癌細胞,減少副作用,能適用在多種不同的癌症,有別於傳統的單一癌症療法,」吳佳城說,「帶領研發這項創新技術平台的游正博教授和他的夫人陳鈴津院士,是啟發我人生的重要貴人。」

跨平台合作,種下創業機緣

談起自己的創業路,吳佳城把時間拉回到2019年,娓娓道來。

當時,游正博在林口長庚紀念醫院擔任講座教授,他和陳鈴津兩人的研究團隊證實,FnCTP可以辨識至少十一種癌症,希望可以讓研究成果商業化、供更多患者使用,於是成立友生泰,同年12月完成與長庚的技轉案,取得FnCTP技術平台專屬授權,正式跨入生技醫藥產業,並延攬了時任生技中心生物製藥研究所所長吳佳城擔任執行長。依照規劃,公司將先集中全力於一至兩種癌症免疫療法,再拓展至其他數個癌症,提高市場占有率。

一個在學術界、一個在法人單位,雙方的緣分由何而來?

回答這個問題，則又關乎吳佳城的另一位貴人——時任生技中心副執行長阮大同。

吳佳城回憶，他在1997年就讀台大博士班時，專攻免疫學領域，畢業後進入中研院擔任一年的博士後研究員，便又前往美國繼續進修免疫蛋白質相關研究。後來，在某次偶然機會下，跟阮大同聊到，「當時生技中心聚焦在蛋白質藥物的研究，正好是我所鑽研的項目。」

「我們雙方聊得很契合，阮博士邀請我加入生技中心，而我也覺得生技中心是可以讓我發揮所長的地方，因此一拍即合，」他笑著說。

2008年吳佳城返國後加入生技中心，接手主持產學合作計畫，與成功大學共同開發蛋白質抗體藥物臨床前研究。

「這個合作案是希望將學界在實驗室研究的產品商品化，而這樣的轉換，生技中心是最好的橋梁，」吳佳城笑著說，他也在那時結識在中研院基因體研究中心擔任特聘研究員兼副主任的陳鈴津。

「我在生技中心擔任生藥所所長時，恰好游正博教授、陳鈴津院士參與科技部的『價值創造計畫』，希望藉此將學術成果商品化，跨入生技醫藥產業，造福病友。而他們尋求合作的對象，正是生技中心，」吳佳城說。

當時他正在生技中心推動T細胞銜接雙特異性抗體（T-cell engaging Bispecific antibody, BsAb），可近距離活化T細胞、殺死癌細

胞，並進行到臨床前開發階段，可進一步與FnCTP合作，跨平台共同開發，「只是當時萬萬沒想到，會因此種下日後合作的機緣。」

學習將知識轉化為商品

吳佳城在生技中心歷練十一年的期間，讓他深深體會到，台灣生技產業要接軌國際，產、官、學各界都必須密切合作，像是生技中心便推出許多相關計畫，其中包含設立衍生新創公司、落實技轉的專案合作，以及順應科技發展趨勢、投入專才培育。隨著專案日趨成熟，再進一步組成商業計畫團隊，「我帶領的團隊，就是要配合政府資源規劃，研發出創新產品，並從學術落實到產業。」

更重要的是，對他來說，那是一段成長之路；不僅是位階的轉變，從早期專注在研發的研究員，到擔任所長這樣的管理職，更在主持過無數產學計畫之後，學會以更多元的面向、更開闊的格局，去看待人才培育及產品研發工作。

「最關鍵的是，面對創新產品競爭、專利權紛爭，必須有解決問題的能力，」吳佳城強調，這正是為什麼政府要提供經驗扶植業者，透過技轉或商業計畫團隊，協助學界乃至業界，將知識轉化為真正的產品。

此外，他也發現台灣生技產業的一大問題。

對新創公司來說，找尋資金是很辛苦的一條路，「我們比較幸運，遇到天使投資人，不用為早期創辦階段的經費發愁，」但是

友生泰生醫執行長吳佳城（右一）認為，台灣要在全球生醫舞台保持競爭力，必須從全球延攬能夠溝通協調、有開放思維的專案管理人才。

話鋒一轉，吳佳城指出，「業界手上現金其實很多，只是找不到適合的投資標的，生技業者更重要是必須設法拓展人脈、掌握關鍵技術，才能獲得資金挹注。」

只是，說起來簡單，要做到卻不容易。吳佳城舉例，生技業者除了精進技術，還必須不斷留意市場動態，譬如，研發創新產品必須先了解，是否有誰也在做？對手的技術優勢為何？從市場競爭性IP分析，不同療法對疾病治療的情形如何？如果別人洞悉市場同樣商機，該如何取得競爭優勢？諸如此類，一旦發現問題，便要設法有效且經濟地解決，再進一步開發成有用的技術或產品。

強化優勢，實現人才永續

生技產業是條漫長的路，已經是業者共同的認知，而要從中找到出路，除了研發的產品本身必須具有獨特性，「製程的開發也很重要，」吳佳城指出，「所以，像是台積電的委託開發暨製造服務（CDMO）策略，如今也運用在生技產業中，受託廠商可以從試驗

> 台灣要在全球生醫領域保持競爭力，需要擁有具備開放思維並能溝通、跨界合作的人才。

用藥的生產、流程設計、原料供應到商業化生產等，提供一條龍服務，讓研發型企業專注於研發，但也能快速技轉、縮短上市時間，達到成本控制、降低風險、提高效率的目標，刺激創投投資生技產業的意願，進入正向循環。」

他補充談到，生技產業的創新製程跟「人」息息相關，產業發展的推動，人才至關重要，「台灣擁有世界級的醫療品質，以及一流的生技醫藥研究人才，但要在全球生醫舞台保持競爭力，還需要從全球延攬能夠溝通協調、跨界合作，以及具備開放思維的專案管理人才。」

此外，吳佳城認為，台灣應訂定有利於研發、產學合作的政策，同時也必須建構可以鼓勵國內創投公司投資、吸引跨國企業合作的產業環境，以解決生技產業的資金問題，強化新創公司開拓海外市場的競爭力。

「雖然台灣生技產業看起來困難重重，但我們的競爭力其實不錯，也擁有讓亞洲國家羨慕、相對成熟的產業環境，」吳佳城認為，應該要加強國際合作，讓台灣的優勢被看見，這樣也才有機會把人才留在本地，形成產業正向循環的力量，甚至有朝一日將台灣的技術和知識輸出到全世界，實現台灣生醫人才永續的宏大目標。

文／洪佩玲・攝影／蔡孝如

廣效疫苗先行者張嘉銘

勇於創新突破
成就斜槓創業之路

一場莫名的高燒，改寫了張嘉銘的職涯版圖。一身反骨
基因，讓他決定自行創業，從典型的生技人變得斜槓，
在生技中心十七年，讓他歷練研發、管理、商拓等挑
戰，也發展出一套獨到的經營策略。

「聘用人不是來學習的，你是來貢獻所長的！」法信諾生醫總經理張嘉銘認為，台灣積體電路創辦人張忠謀的這句話，與自己的人才理念不謀而合，也是他擔任生技中心藥物平台技術研究所所長時的帶人之道。

「同仁都很認真，但或許因為他們多半來自學界，往往過於醉心研究，」曾經管理六十幾位負責癌症研發藥理人才的他談到，研發成果能否迎合全球市場需求、如何行銷拓展等，在各個產業鏈中都相當重要，生技業也不例外，因此，優秀的人才應該更有業務創造力，或是有能力參與別人的事業，不能抱持「我只是來做研究」的心態劃地自限。

廣效疫苗先行者

在生技領域二十多年，張嘉銘總是面帶微笑地說：「台灣其實很有條件發展生技。只要產、官、學齊心，看準國際市場趨勢、研發出創新的新藥，並且將商務人才及創新商品輸出國外，提升台灣在國際的能見度，還是有成功的機會。」

事實上，張嘉銘也確實做到了。

新冠肺炎疫情衝擊全球，加速了mRNA疫苗的問世，讓熱錢迅速湧入生技業，生技中心立即展開核酸藥物的競爭分析與布局。甚至，張嘉銘斬釘截鐵地說：「面對這種高傳播及變異的病毒，開發廣效疫苗是唯一的解決之道。」

一

在這樣的信念下，法信諾順勢提出次世代疫苗開發計畫，開發安全性較高的口服劑型疫苗接種，並與生技中心合作，快速通過審查，幾千萬元資金迅速到位。緊接著，法信諾推出以核心自主 R-MOD 單鏈核酸修飾技術為基礎所研發的阿茲海默症新型態藥物，與擁有關鍵核酸藥物原料合成開發與製造能力的國內生物科技公司合作，進軍阿茲海默症的核酸新藥，至此改寫台灣核酸產業自主化新頁。

不過，對於生技趨勢很有想法的張嘉銘卻半開玩地談起，開展他事業版圖的源頭，其實是一場「爆肝體驗」。

兩度爆肝改寫職涯

歷經博士後研究、國防役時服務於中研院的學術研究單位，張嘉銘的學術基底很深，但同時潛藏在他心裡的，是想到外面闖蕩的反骨基因。

「我覺得，投入基礎研究六、七年，已經很扎實，」張嘉銘決定，放棄自己熟悉的研究工作，進入產業，擔任總經理一職。

這個舉動，讓他面臨了一場震撼教育。

「業界跟學界對時間、產品的要求截然不同，產業不只要求產品優劣，更重要的是，十分講求效率，」張嘉銘苦笑說：「我曾經兩度爆肝，白血球數量一直降不下來。」

那段經歷，讓張嘉銘萌生轉職的想法。

當時，恰逢生技中心成立二十週年，推出五大計畫，尋找新的發展目標，「生技中心負責產業所需資源，是許多相關領域專業人員嚮往的職場，」他說，自己就是受到生技中心的體制吸引，才決定加入。

　　「我的員工編號是2006，當時中心曾送給大家一套西裝，我一直保留到現在，」張嘉銘對生技中心有很深的感情，因為除了曾經在那裡奉獻自己十七年的青春歲月，也因為生技中心給他機會，一路從組長歷練到所長，讓他走過一段斜槓人生。

　　「一開始，我只是單純的生技人，後來隨著職務改變，才陸續接觸到研發管理、跨單位聯繫、財務等領域，」張嘉銘認為，「人生的歷練，就是一種培育。」

　　尤其，他補充指出，生技產業重視研發，但企業領導者不能只懂研發，包括：擬訂哪種創新產品、如何精準研發，進而掌握擴展到全球新藥市場的最佳時機點，都需要具備管理能力，才能做出合適的決策。

　　張嘉銘原本是學術研究出身，加入生技中心後，歷經不同職務，從獨立工作、團隊共事、跨領域研究到帶領一整個部門。問起他如何讓自己能有這種應對不同職場需求的能力，他說：「其實沒有那麼難，不管做什麼職務，只要堅持做對的事情，最終會反饋到自身，慢慢就鍛鍊出來了。」

　　這些經驗值，也落實在他後來的創業之路，能駕輕就熟應對管

法信諾總經理張嘉銘（中）善用矩陣式管
理，串接不同部門人才的專長，不僅讓新
藥開發的藍圖更為完整，優秀人才也能各
展所長。

理、研發、商拓等挑戰。

以任務導向取代計畫導向

回顧台灣生技業發展，2000 年以前，投入原料藥與中草藥新藥研發的業者不多，而植物藥劑計畫（現為藥物平台技術研究所）正是當時生技中心的五大計畫之一。2004 年進入生技中心的張嘉銘，成為這個項目的承接者，對他個人或生技中心來說，都是新挑戰。

直到 2005 年，時任生技中心執行長汪嘉林聘用曾分別擔任羅氏藥廠、生物基因艾迪克公司（Biogen Idec）資深副總裁的蘇懷仁，回台擔任生技中心首席顧問，期望透過他在國外的技術及人脈，摒除過往的計畫導向，將原本的小分子研究、生藥研究、動物藥理研究、製程、新藥開發五大功能組，重新劃分組織結構。

一開始，張嘉銘在生技中心做的是傳統小分子藥物研究，後來逐漸轉型到抗體藥物研究，而在這波組織變革中，原本四個功能組全部歸類到新藥開發組，並且採取全新的矩陣式管理，取代原本的計畫導向任務分組。

「就像去吃自助餐，走到哪一區就夾哪裡的菜，矩陣式管理就是來自不同部門的人員，分別向各個專案（項目）負責人匯報，由專案負責人串接不同功能人才，」張嘉銘解釋，透過這種方式讓團隊之間保持開放溝通，創造更多創新的產品和服務。

「矩陣式管理很適合用在生技中心，可以讓各組織的目標、權

責更加清楚，且專案（項目）之間得以共享資源，一步一步讓台灣與國際藥廠接軌，」張嘉銘解釋，「透過矩陣式制度，大家為了某個特定任務（項目）共同工作，五大功能組不同專長的人才就這樣無形中串連起來，讓我們對新藥開發有了完整的藍圖，也讓各組研發人才可以盡情發揮專長。」

建立專案管理制度

談到人才培育，張嘉銘認為，管理上最難的，莫過於建立文化，其次是建立制度，因此他決定從建立專案管理（Project Management, PM）制度著手。

由於生技產業從研發到量產，過程冗長且繁瑣，每個階段性歷程的連結性很強，主管除了傳授工作必要的知識給部屬，還要輔導部屬，以及了解每個人負責的流程、探究問題點，這些都需要耗費更多精力，「一組團隊五個人，星期一到星期五，每天輪流各找一個部屬來進行深入溝通剛剛好，」張嘉銘半開玩笑地說。

「人才的mindset（心態）很重要，」他解釋，主管要協助研究

優秀的人才應該更有業務創造力，
或是有能力參與別人的事業。

人員改變心態，幫他們從沉浸在學術的世界轉為具備產業思維，因此團隊不適合太大，「一個主管不要帶超過五個人。」

後來，他透過專案管理，改善了部門中橫向與縱向的聯繫模式，讓各個管理部門之間可以相互協調、相互監督，「這樣的好處是，每個人都可以比較清楚每個階段的計畫目標、遇到問題時該如何補強，避免同仁走許多冤枉路，也能更有效實現工作目標。」

生技人才不能只懂研發

走過這段路，張嘉銘不諱言，在生技中心擔任管理職後，對於制度、資金及商業發展等面向的經驗增長不少，也提升跨部門的溝通能力，成為他日後創業的重要養分。「新創公司唯有靠靈活的策略與人才的全心投入才能勝出，而企業留住人才的關鍵，就是提供讓員工共享工作成果的機制，」他強調。

張嘉銘認為，生技產業的領導者，除了要能醞釀團隊逐夢成真的目標，也必須讓員工體認到，全心全力工作就能有豐厚的回報，

> 除了研發人才之外，生技產業也需要培育或招募法務人才，累積知識產權和識別商機的能力。

建立非薪資類的好處，例如：設立員工股票選擇權制度、維持健全的薪酬計畫，才能吸引更多人才加入。

不過，他對於「人才」，有更深入的要求 —— 不能只做研發。

「像生技這種高度重視創新的公司，研發能力固然重要，但還是必須注意研發費用在成本支出中所占的比重，」張嘉銘舉例談到，若是以拓展市場為主的公司，研發費用可能要放到90%，但若是關鍵研發能力相對成熟的公司，研發費用大概只需要成本支出的10%，因為，「對業者來說，做出產品固然重要，但生產後能夠順利銷售也同樣重要。」

此外他談到：「新藥研發的風險高、時間長，從研發到商品化，每個階段都有機會累積知識產權、創造不同價值，每個決定都是關鍵，所以，研發團隊必須具備識別商機的能力，譬如確認公司的產品是否優於市場其他藥物，進而判斷是否有持續投入的價值。」

也正因如此，張嘉銘強調，生技業者也應該要重視法務人才的培育或招募。

「從研發、臨床試驗到上市，乃至於最後取得授權金獲利，即使有優秀的生技背景及技術，遇到申請專利權、專利訴訟或是商務問題，還是會覺得相當棘手，但這卻可能是業者忙於創業、募資，卻無意中忽略的一處，」他語重心長地說。

這幾年，生技中心讓台灣的生技產業在國際間的能見度提升許多，也有不少傲人的成績，但要可長可久，張嘉銘認為，還有許多

地方需要努力。

譬如，在生技產業鏈中，最燒錢的是臨床前研發階段，因此，新創公司必須以全世界為視角，了解哪些公司推出的產品夠特殊且創新，可能在激烈競爭中脫穎而出，從中比較、發掘自己的優點，當有機會走向海外參展時，就必須精銳盡出，才能讓國際大廠驚豔，進而獲得合作的機會。

海外參展，開啟更寬闊的視野

「國際化要對外輸出，台灣業者可透過生技中心的管道，拓展接觸國際產業的面向，例如：選擇具主導性或代表性的海外生技展會，積極參展，」張嘉銘建議，台灣也可以自行舉辦國際研討會，但應該要針對現狀提出面對各種困難的檢討、具體建議，並透過商業拓展行銷，才有機會被國際大廠看到。

法信諾歷經兩次參與國際生技展及國外會談的機會，每次參展他總是直接與海外大廠交流，因為，「海外大廠回饋的評論與意見，是法信諾調整研發方向的重要參考。」透過與大廠往返的資料，就有機會發現兩、三個創新商品主題，從中了解各國生技展客戶端的實際需求點，是否要調整公司的營運方向。

獨特洞察力與在細節處用心，讓張嘉銘對於新創公司法信諾的前景顯得相當有自信，也讓他在兩年多前，面對全球變異的病毒來襲，當大家處於混亂茫然之際，能精準判斷趨勢，立即推出廣效疫

苗產品，與生技中心合作推出以次世代疫苗開發的劑型疫苗接種。

「過去，生技中心在產品選題做得很好，遺憾的是，每個計畫都是四年做好，往往推出時已經過時，」張嘉銘感嘆。

「台灣目前最缺乏的人才之一，是可以將知識技術轉化成具體方案的人，也就是能否把研發成果轉換成創新商品，且符合買方需求，而要能做好這一點，就必須走出台灣，到海外去看看，才能更精準掌握全球大勢所趨，」但他也說：「這樣的人才太少！台灣許多生技業者推出的產品無法獲得國際大廠青睞，問題往往就出在商務人才與產品不到位。」

來自生技中心的歷練，加上海外參展的視野累積，內化成張嘉銘鮮明的人格特質，也把這樣的經驗分享給生技後進，以及其他新創公司創業家們。展望未來，他將趁勝追擊，推出核心自主 R-MOD 單鏈核酸修飾技術，創新研發出阿茲海默症新型態藥物，並且擁有關鍵核酸藥物原料合成開發與製造的能力。

文／洪佩玲・攝影／黃鼎翔

CAR-T 研發專家官建村

以造福病友的初心
吸引創業夥伴

對生技新創公司來說，吸引優秀人才加入是重要關鍵。
官建村以生技中心培育的專業人才做為公司初創時的重
要戰將，再加上OKR當責管理、讓專業分工發揮，逐
步為企業發展奠定基礎。

</>

走進辦公室，首先映入眼簾會是一個大大的Logo，乍看之下像是「∞」無限大的符號，但其實是承寶生技公司的拉丁文名字「ARCE」的第一個字母「A」，而ARCE在義大利文是「城堡」的意思，與「承寶」相呼應。總經理暨執行長官建村說：「兩個意念都隱含公司對於人才、團隊的期許，希望加入承寶這個大家庭的同仁，都能凝聚高行動力、韌性、合作共贏及追求卓越的精神。」

五年級生的官建村，是台灣極少數的CAR-T專家。所謂CAR-T療法，全名是Chimeric Antigen Receptor T Cell Therapy，中文稱為嵌合抗原受體T細胞療法，也就是把人體免疫系統的T細胞，用生物技術將可辨識癌細胞表面抗原的CAR基因植入到T細胞，改造成CAR-T，再注射進入病人體內，用以對抗癌症。

他在台灣大學畢業後，就遠赴美國攻讀生物化學專業；拿到博士學位後，選擇留在美國國家衛生研究院做研究，以及在杜克大學醫學中心任教，從此開啟他鑽研癌症醫學的人生新路。

為造福病友決定創業

在國外扎根近三十年後，官建村於2015年回到台灣：「一方面，是因為擔憂父母親的身體狀況，才決定回到台灣，以便就近照顧；二方面，也是想把在美國多年的學術、產業經驗反饋給台灣。」

他回憶，當時台灣生技產業處於萌芽階段，而生技中心在生技

醫藥產業價值鏈中扮演第二棒「扶育加值」的角色，吸引無數人才回流，他也是其中之一。返台後，憑藉豐富的學經歷，官建村被引薦至生技中心，擔任生物製藥研究所副所長，帶領團隊投入CAR-T療法的研發，同時也建置了一套完整的抗體資料庫。

然而，此時卻有個念頭在他腦中一閃而過。

「如果研發成果可以變成臨床使用的藥品，直接造福病友，豈不更有意義？」這個想法，讓官建村認為，自己應該到業界闖闖。

初心可貴，吸引志同道合的人

官建村的研發實力不容小覷，也同樣具有貫徹意圖的執行力。起心動念之後，承寶在2020年誕生。但，從新藥研發到創業，跨度不可謂不大，他是如何做到的？

「資金和資源是關鍵，」官建村一言以蔽之。

承寶能夠順利成立，在資金面，恰逢仁寶集團跨足生醫領域，專攻新穎基因改造的細胞治療藥物開發，承寶做為其中的重要拼圖，讓官建村少了許多後顧之憂；至於資源面，生技中心也扮演助力的角色。

「生技中心培養了許多能夠『見樹又見林』的人才，我在中心時的幾位核心團隊成員，後來都成為承寶草創時的重要戰將，」他語重心長地說。

事實上，經過在生技中心將近四年的淬鍊，官建村懷抱理想，

踏出創業的腳步。但，對一家新創公司來說，要如何延攬並留住人才，成為步入市場的首要挑戰。

剛開始，官建村的人格特質是一個吸引力。

從學界教授轉任生技中心、現任承寶生技藥物研發副總黃國珍即談到：「我很認同官總的理念，到現在都還可以看見他研發新藥救人的初心。」

但僅僅只是這樣並不夠，還需要能夠持續在工作中找到樂趣與熱情。

「後來，我體會到了，」黃國珍說：「一個創新研發的產品，可以讓我看到它從實驗衍生成藥物開發，甚至真正用到人體，那種感受是很觸動人心的。」

承寶研究員吳宗翰曾在生技中心任職五年多，他提到：「生技中心提供我們很多養分，但中心有它自己的階段性任務，往往只能做到製程開發，無法走到最後的臨床階段。為了追求理想，只能忍痛離開。」

設定清楚且具挑戰性的目標

談到如何吸引人才，官建村強調：「目標設定很重要。」

停頓一會，他緊接著補充：「目標必須是清楚且具有挑戰性的，所以我制定了 OKR（Objectives and Key Results，目標關鍵成果）制度，不再以關鍵績效指標（Key Performance Indicators, KPI）為依

承寶生技總經理官建村（左三）設定OKR
管理標準，定期與團隊溝通，充分掌握整
體狀況與工作進度。

歸，是目前最適合當責式管理的目標設定法。」

對於自己的管理原則，官建村說明，他所希望延攬的人才，是具備多元思考能力的人才，因為組織運作仰賴團隊的契合，沒有一個管理者可以單獨做好所有事，必須借重部屬的智慧，而唯有具備當責概念的員工，才會主動認識到自己有能力解決問題，可以舉一反三、延伸主管原本沒想到的問題，進一步達到主管最終想要的結果，而不只是做完主管交代的任務。

因此，設定OKR管理標準之後，承寶每季都會進行溝通檢討，由上而下幫助所有人了解最新目標是什麼，由團隊討論出一個週期內定向的大目標，告訴大家「我們現在要做什麼」；接著，由下往上設定關鍵目標，輔助成員了解「如何達成目標的要求」。

除此之外，目前承寶生技是由十八位平均年齡不到三十歲的團隊組成，而做為新創公司，官建村很敢放手，願意任用有新穎想法、尋求自我突破的人才。

用心培育，用人唯才

「有些計畫，大家認為理當由博士帶領，但在承寶，是給有能力的人來帶領，」官建村強調：「唯有用心培育，提供適才適所的發展機會，優秀人才才會願意留下來一起打拚。」

談到人才策略，官建村十分感念曾經在生技中心的日子：「那是很好的體驗，幫我建構了許多相關法規知識，還有機會跟產、

組織運作仰賴團隊的契合，
沒有一個管理者可以單獨做好所有事。

官、學界交流，不僅獲得許多資源，也獲得許多管理上的啟發，對我創業助益良多。」

這一點，與官建村一起從生技中心到承寶生技的同仁，也深有同感。

黃國珍表示，以藥物開發流程為例，生技中心的訓練，讓大家有了清楚的系統和分工概念，可以快速地一起把專案計畫做好。

從日本深造後回台就加入生技中心，目前在承寶擔任轉譯醫學處處長的楊舜任也提到，團隊在生技中心便已經建立信任關係，跟著官建村到產業界後，依照OKR制度，團隊中每個人不僅各司其職，透過定期溝通，能了解彼此的進度、概況與需求，進而對於整個產品開發歷程，完整掌控專案進度。

分階段聘雇專業經理人

人才是推動公司前進的燃煤，尤其新創公司成立後，往往需要對外招兵買馬，但即使同樣是新創公司，也有資源、規模的差異，必須設定適合自己的人才策略模式。

官建村舉例談到，有些生技公司，運作模式較為簡單，公司

人員不多，但每個人的工作內容非常固定，便需要評估公司各階段要聘雇什麼樣的人才，例如：營運長、技術長、醫療長等高階經理人？以CRO、CDMO等專業研發人員為主？這些，對於成本與公司的營運規劃，都會產生影響。

此外，縱使是國外大藥廠，要推出一個非常新穎的產品也要投入許多不同專精的人力，因此，官建村認為，承寶做為新創公司，目前規模仍小，應該採取顧問模式經營，例如：聘用CRO、CDMO委託顧問公司來提供藥物研究、開發、生產等服務的外包公司，未來隨著公司規模日益壯大，再分階段延攬所需人才進來。

成為衝出衝刺線的人

不同階段會有不同人才需求，官建村認為，藥品化學、製造與管制（Chemistry, Manufacturing and Controls, CMC）是成功發展生物藥的重要關鍵，臨床前試驗及CMC的溝通協調人才很重要，但要找到全然熟悉相關法規的專案經理人卻不容易，特別是生物製藥的複雜性及面對法規，不同階段對安全性及一致性的要求各有不

> 生技新創公司首重人才的基礎研發能力，有扎實的基礎科學素養，才能走得長遠。

同，因此也是目前業界極為欠缺的一項。

　　長年從事研究工作，官建村認為，對於人才，生技產業的新創公司，首先看重的是基礎研發能力，因為若基礎科學素養不夠，相對無法走得深入扎實，但除了人才，錢財、智財也是缺一不可，而這也是他最感念生技中心的一點。

　　回憶過往，「研發過程中總會有波折，但有了生技中心產業發展處的輔導，便能有努力與堅持下去的動力，」官建村期許，這樣的力量能夠延續，造福未來的生技產業後進，而他也一直督促自己，變成衝出衝刺線的人，希望能夠做為一種示範。

　　「我想用自己的經驗，讓更多人投入生技產業，並且願意相信，不論遇到任何困境，一定可以找出更好的解決方法，」官建村衷心表示。

文／洪佩玲・攝影／黃鼎翔

第 三 部

衍生新創

在資源有限的情況下，

有時，「推出去」反倒能夠有更大的收穫。

選定有商業潛力、有產業需求的研發成果，

設立衍生新創公司不失為一個好選擇，

甚至可望因此結合各方資源，

與國際大廠比肩。

首開生技業
衍生新創先例

台灣尖端源自經濟部衍生的生技公司，同時也是生技中心第一家衍生公司。而它的誕生，讓完全沒有生技背景，以行銷為專長的董事長蘇文龍，闖進台灣生技產業。

1980 年代，台灣生技產業開始萌芽。當時，李國鼎擔任行政院政務委員，美國藥廠安進（Amgen）開發出治療洗腎患者貧血症狀的「紅血球生成素」，全球上百萬人因此受益，能夠免於輸血之苦。當時在安進負責研發的人，就是台灣籍的林福坤。

受到這項成功經驗啟發，李國鼎決定，將生物技術列為台灣「八大重點科技」之一。1984 年，行政院成立生物技術開發中心，其角色類似於 1987 年工研院對電子和半導體業的支持，主要負責協助生物技術的移轉及連接學術研發和產業界。

然而，生技中心成立之後，才是更多挑戰的開始。

全台缺乏生技人才

缺乏科技研究發展所需要的高級人力，是那個年代的台灣難以逃脫的課題，電子產業如此，生技產業更是如此，而延攬海外學人回國，便成為當時國內推動新興科技發展的唯一選擇。

具備抗體開發與細胞培養專長的張東玄，就是當時受邀返台的旅外專家。

1986 年，生技中心首任執行長田蔚城向李國鼎推薦，邀請張東玄擔任生技中心免疫組主任。

張東玄，是東京大學博士，之後赴美在賓州大學任教，前途一片看好，但在李國鼎邀請下決定回台，協助生技中心一步步建立起

台灣單株抗體生產能力，並且開發免疫檢測。

現任先驅生技營運長暨策略長溫國蘭，也是生技中心當時開發檢驗試劑的成員之一。

1982年時，台灣豬隻因藥物殘留，導致出口受阻，因此農委會希望生技中心協助，開發檢驗試劑，以對應嚴格的檢驗需求，而溫國蘭負責的是動物藥物檢測，和團隊成員共同開發出多種檢驗試劑，嘉惠台灣豬農。

檢驗試劑的開發成果，後來也拓展至牛奶等其他產品，擴大應用範疇，而如今想來稍感意外的，是在1990年代之後，安非他命入侵校園的情況嚴重，教育部推出反毒專案，溫國蘭因此開發了不少毒品檢驗試劑，無意間成為台灣尖端先進生技醫藥日後發展的另一根支柱。

現地移轉，奠定起步優勢

生技中心成立的任務之一，是希望透過技術移轉，帶動國內生技產業發展，之後再回頭推動研究能量，讓產、研兩端形成正向循環。因此，隨著技術研發有成，張東玄開啟了下一段人生，也改變了另一個人的事業。

現任台灣尖端董事長蘇文龍，他和張東玄不僅是創業夥伴，同時也是親戚。在創辦台灣尖端之前，他是日商三菱在台子公司中國菱電公司營業部主管，完全沒有生技背景，但張東玄從實務考量，

認為他在日商二十二年，磨練出強大的行銷能力，正可補強新公司的業務需求。

1998 年，張東玄邀請蘇文龍共同創立信標生物科技公司，於 2000 年取得經濟部科技專案輔導，同年以技術作價、現地移轉方式，創立台灣尖端，這也是生技中心的第一家衍生公司。

所謂現地移轉與常見的技轉不同，後者移轉的標的僅限於技術，前者則包含實驗室、廠房、技術、專利、設備、產線等項目。

「這種方式讓台灣尖端從起步開始，就具備不少優勢，」蘇文龍坦承，「因為生技中心希望，藉此延續張東玄的研究成果，加速推動台灣生技產業發展。」

然而，看似「贏在起跑點」，但蘇文龍深知，醫藥認證法規嚴謹，必須耗費相當長時間，才能將技術轉換為營收，他必須找到可以快速變現的方式。這時，溫國蘭帶領的開發成果，就成為當下公司營收來源的重要根基。

找尋方法，讓技術變營收

「台灣尖端成立之際，網羅了不少生技中心檢驗試劑部門的人才，」蘇文龍感恩地說：「正因為有那些同仁的貢獻做為基礎，我們才能擴展營運範疇，除了鎖定細胞應用，也投入食安與毒品兩大類別的檢測快篩試劑研發、生產與銷售。」

「以毒品檢測為例，過去這類藥物的檢測時間偏長，影響警、

台灣尖端於2000年以技術作價、現地移轉模式，首開生技中心衍生新創公司的先河。右三為台灣尖端董事長蘇文龍。

檢兩方工作的效率，而台灣尖端研發的快篩試劑，只要五分鐘便可以完成判讀，打造出從快篩到檢測的毒品試驗一條龍服務，」蘇文龍說。

雖是快速變現，出發點是要為公司建立穩定的現金流，但台灣尖端在食安與毒品兩方面展現的技術能力，也為現今台灣社會帶來巨大貢獻。

蘇文龍舉例談到，像是 2008 年，中國大陸爆發毒奶粉事件後，台灣尖端迅速推出快篩試劑，協助政府單位與民間企業在短時間內檢測市面產品，快速穩定民心，「我們的毒奶粉快篩試劑進度領先業界半年，更是全球首家商業化食品安全檢測產品的開發者。」

除此之外，台灣尖端還將研發領域擴展到藥物殘留、細菌毒素、非法添加物及農藥檢測等各類食品安全檢驗，2012 年的瘦肉精事件就是其中一個案例，不僅藉此大幅提升台灣生技產業的技術實力，同時也保障了國民健康。

率先通過衛福部細胞治療申請計畫

起步早，讓台灣尖端擁有更多精進技術的機會，而蘇文龍的業務背景，更不負張東玄的期待，能夠持續掌握市場脈動。

確實，這項專長，就展現在台灣尖端的另一項營運主軸 ── 細胞應用，包括：建立人體器官保存庫、提供幹細胞保存服務，並積極參與蛋白質藥物研發，克服造血幹細胞移植遇到的挑戰，目前他

們的細胞治療產品已獲得衛福部《特定醫療技術檢查檢驗醫療儀器施行或使用管理辦法》（簡稱《特管辦法》）的批准。

甚至，「我們已經與醫療機構合作，讓一位下肢全癱的患者，經過間質幹細胞治療後，病情明顯改善，有機會借助輔具恢復一定的行動力，」蘇文龍欣慰地說。

然而，能夠有這樣的成果，一切要回歸到二十年前。

當時，台灣幹細胞研究仍處於起步階段，但台灣尖端從生技中心取得細胞和抗體生產技術後，就決定將技術應用在新生兒臍帶血儲存服務；後來，遇到造血幹細胞數量不足問題，便想盡辦法引進加拿大的幹細胞增生技術，再加以改良，提高臍帶血幹細胞的質與量，同時用於研發蛋白質藥物新藥，提高造血幹細胞的數量。

有努力，就沒有白費。

2019年，台灣尖端成為全台首家通過衛福部細胞治療申請計畫，並符合GTP（人體細胞組織優良操作規範）標準的幹細胞儲存公司。

新創公司必須找到穩定的現金流來源，台灣尖端在食安與毒品快篩及檢測展現的技術能力，是成立之初能站穩腳步的關鍵。

生技中心檢驗試劑部門為產業培育諸多人才，曾在台灣尖端成立之初參與其中的現任先驅生技營運長暨策略長溫國蘭，便是其中之一。

「在細胞儲存產業中，我們不僅擁有保存、應用和研發能力，而且擁有業界非常罕見的自體骨髓間質幹細胞製備技術，至今已連續二十年，臍帶血解凍的細胞存活率均高於業界達97%以上，」蘇文龍自豪地說。

從2000年成立至今，這段旅途中不免遭遇各種挑戰，其中技術問題都在研發團隊的努力下陸續克服；至於非技術層面的挑戰，則在蘇文龍的帶領下，團隊逐步調整觀念、建立相關機制。

經典的例子之一，是如何「取名字」。

蘇文龍以行銷和研發人員的觀念磨合為例，當年在毒品檢測產品行銷時，行銷人員建議使用易為大眾熟知的「搖頭丸」名稱，但研發人員則認為，自己有教育民眾的責任，因此堅持使用學名「MDMA」。

這兩種觀念沒有對錯，只是反映出科技和商業兩種不同思維之間的張力，也凸顯出科技產品商業化的複雜性。

為了解決這類問題，台灣尖端實施計畫性輪調策略，幫助同仁培養同理心與換位思考的能力，「這樣不僅有助於強化員工多元技能，也能培養未來的高階主管，讓他們具備更全面的視野，」蘇文龍說。

以現有技術創造新價值

解決了技術難題、建立了體制文化，台灣尖端成長的第三項助

力，是他們的研發選題能力。

　　每當問起蘇文龍，為什麼台灣尖端總能在眾多技術與應用中做出正確選擇，並逐步優化公司在生技產業中的地位與市場口碑？他總是自信地笑著說：「其實很簡單，就是將現有技術應用於市場，從中創造新價值。」

　　分析台灣尖端的產業競爭力，他認為，擁有扎實的技術基礎和多元化業務範疇，是自家企業的兩大優勢，而這兩大優勢除了來自早期從生技中心承接的設備與技術，後續在委託開發暨製造服務（CDMO）業務層面的穩定成長，也是箇中關鍵。

　　蘇文龍提到，食品安全檢測、毒品檢驗、幹細胞儲存與細胞治療等領域業務，不僅為台灣尖端帶來穩定現金流，也成為公司持續研發新產品的強力後盾，能夠無後顧之憂地投入研發，而這些成果回過頭來，又提供台灣尖端更多競爭市場的籌碼；譬如，為持續深化生技中心技轉的細胞研發技術，台灣尖端在成立後第三年，就建立了幹細胞公庫，同時導入標準化的品質系統、通過多項國際認

> 台灣生技產業面臨資源與規模有限的困境，必須從政府支援、企業策略調整、尋求國際合作、資源共用著手，才有機會翻轉。

證，提升細胞保存與製造能力，從而帶來相當可觀的業績。

「這就是『以現有技術創造新價值』，」蘇文龍直言，未來憑藉這樣的核心信念，台灣尖端還有更長遠的目標，就是要朝向細胞治療國際大廠邁進：「我們以世界第一治癒率為目標，期許成為細胞治療領域的產業龍頭。」

積極推展海外商機

為因應再生醫療趨勢，台灣尖端更提前布局，已計劃申請異體細胞治療和細胞衍生物的臨床試驗，並且也將依循政府的《特管辦法》，提供合作醫療院所全方位服務，涵蓋特管送件、教育訓練、專人服務、專人傳送及專業製備等方面，並提供技術服務，包括：技術移轉、人才培育和市場開發。

此外，在海外擴散方面，台灣尖端的策略，是以東南亞市場為主、中國大陸市場為輔進行逐步推展。

在這樣的規劃下，台灣尖端首先是在2020年，與銘福集團的天福天美仕公司簽署合作備忘錄，將進行細胞領域整廠輸出、細胞治療與細胞儲存等多面向合作，搶攻以骨髓間質幹細胞治療退化性關節炎、脊髓損傷等商機。

之後，在2023年，則是針對中國大陸市場再與尖端亞細生技簽訂「生技醫療合作聯盟合約」，透過建置實驗室與細胞保存、製造標準作業流程、顧問服務等，在中國大陸與亞太市場導入「創新生

技醫療整合服務」，將觸角持續延伸，深耕大健康醫療產業。

掌握資金與人才

「全球高齡人口快速增加，健康產業和精準醫療將是必然發展方向，細胞研究則是精準醫療的關鍵技術，」蘇文龍再次以敏銳的市場眼光規劃未來方向。不過，他也強調，創新研發需要大量資金與人才，企業必須具備籌措充足資金、培養專業人才的能力。

「我們是上市企業，長期建立的技術能量與產品口碑，讓公司擁有強大的資金籌措能力，同時持續招募、培訓人才，強化創新量能，從而提升創新技術的開發能力，這些都是企業長期發展的堅實後盾，」他自信地說。

不過，大環境的問題，就不是單一企業能夠解決的。因此，蘇文龍建議，政府應該要如同早年發展電子產業一般，做好全盤規劃，例如：放寬法規、引進資金、培育人才、接軌國際，替產業界串連產業鏈，從需求角度出發，發展更高階的生技、健康、醫藥和醫療器材產品，才能打造台灣成為全球新的生技產業標竿。

他分析，走過四十年，台灣生技產業已逐漸成熟，但接下來必須優先解決兩大問題：

第一，生技製藥和生物製劑兩大領域的發展相對緩慢。

第二，台灣生技產業的市場規模有限，積極開拓海外市場成為台灣產業的必要策略。但目前看來，台灣生技產業因研發資源和規

模限制、缺乏國際市場經驗與網絡、法規與標準差異，加上國際合作與策略聯盟不足、品牌知名度低等因素，導致與國際市場接軌狀況不佳。

　　針對這兩大問題，蘇文龍認為，唯有從政府政策支援、企業策略調整、積極尋求國際合作、資源共享著手，才能翻轉台灣生技產業。目前政府已提出生醫產業創新推動方案五大策略 ——優化產業環境、整合串連園區聚落、完善生物資料整合平台、生醫跨域產業技術，以及強化國際鏈結，藉此聚焦接軌全球生物醫療科技產業，「只要產、官、學界共同投入，對於台灣生技產業的未來，我是樂觀以待。」

文／王明德・攝影／蔡孝如、黃鼎翔

昌達生化毒理中心

打開台灣毒理
試驗新格局

從國家支持的單位轉變為民間企業，即使擁有高強實
力，昌達生化毒理中心自生技中心衍生後，還是得面對
各種紛至沓來的挑戰，副總經理陳筱苓堅持以「專業」
克服危機、拓展新局。

生物技術開發中心所建立的台灣第一間毒理實驗室，在2011年從生技中心正式拆分（spin off），併入QPS（Quest Pharmaceutical Services）在台分公司昌達生化。這個首創之舉，讓台灣毒理試驗打開新格局，也讓生技中心扶育產業的使命持續落地開花。

早年，為了銜接基礎研究與臨床試驗，生技中心在經濟部科專計畫支持下，打造了台灣新藥臨床前開發所需的基盤設施，包括毒理與臨床前測試中心，簡稱毒理中心。

毒理中心的主要任務，是建立新藥臨床前毒理安全性試驗的設施與方法，完成短、中、長期毒性試驗，實驗動物從小鼠、大鼠、倉鼠、天竺鼠、兔子到中型犬類，涵蓋新藥進入臨床試驗前所需的各類藥物毒性評估。

昌達生化毒理與臨床前測試中心副總經理陳筱苓，之前是生技中心毒理中心的主管，她自豪地說：「從生技中心時期開始，我們就走在最前面。」

始終走在最前面

「我們的毒理實驗室GLP編號001，是台灣第一個通過行政院衛生署（現為衛福部）GLP查核的毒理實驗室，」陳筱苓如數家珍，這也是台灣第一個、亞洲第二個取得美國國際實驗動物管理評鑑及認證協會（AAALAC）認證的動物房。

陳筱苓口中的GLP，是 Good Laboratory Practice 的簡稱，意思是

「優良實驗室操作規範」，規範的目的，在確保試驗單位產出的研究數據的品質與完整性。

不僅如此，毒理中心的試驗品質系統，也獲得全國認證基金會（Taiwan Accreditation Foundation, TAF）以及經濟合作暨發展組織（Organisation for Economic Cooperation and Development, OECD）GLP 認證的肯定，並協助委託單位取得美國食品暨藥物管理局（Food and Drug Administration, FDA）新藥臨床試驗申請或進入下一階段臨床試驗。

當時的毒理中心可說是「麻雀雖小，五臟俱全」，而生技中心無疑是背後一大功臣。

備受肯定，為何長大不了？

「在一般商業體制，受制於成本及獲利考量，同樣的規模，往往只能聚焦在特定種類測試，」陳筱苓解釋，「如果不是生技中心這樣的法人支持，毒理中心無法培養這麼多種關鍵檢測技術。」

可惜，現實永遠無法如此完美。

隨著科專計畫結束、生技中心資源有限，失去預算支持的毒理中心，遭遇異於往常的艱困挑戰。

陳筱苓在 2005 年接任實驗室主管，當時毒理中心必須自負盈虧，雖然擁有獲利能力，但是儀器設備和人員維持成本非常高昂，實驗室忙於應付生存壓力，幾乎無暇顧及研發。

「就是長不大了，」陳筱苓談到當時面臨的瓶頸，「我們取得許多認證，是台灣最受肯定的毒理中心，但如果不繼續往前，很快就會喪失領先地位。」

而生技中心也在思考，從法人的角度來說，它在台灣生技醫藥價值鏈扮演「扶育加值」的角色，既然毒理中心已經成熟，如果持續留在生技中心，除了造成與民爭利的疑慮，也可能因此發展受限，削弱了台灣毒理試驗的實力。

終於，在2010年年底，生技中心決定走民營化，為毒理中心尋找新的夥伴。

互補之美，天作之合

毒理中心在2011年1月，正式加入昌達生化。為什麼選中這家公司？

「過去，生技中心和QPS就有密切的合作關係，」陳筱苓談起雙方的淵源。

QPS是留美學人簡銘達在美國成立的委託研究機構（Contract Research Organization, CRO），提供臨床前及臨床研究服務；2004年，設立昌達生化，做為其在台分公司。

當時，生技中心的毒理中心，轉介台灣或國際需要進行藥物動力與分布代謝測試（DMPK）的客戶給QPS；而QPS則轉介美國或國際客戶，到生技中心進行實驗犬相關試驗，雙方在臨床前安全性

擁有企圖心的員工，是企業成長的關鍵要
素之一，而昌達生化在成立之初，便聚集
一群這樣的人才。由左至右依序為昌達毒
理中心動物資源管理組組長趙志勳、副總
經理陳筱苓、品保經理陳文靖、試驗主持
人楊祐慧。

測試分析及藥動與生物分析業務上，形成相當有默契的策略聯盟。

「QPS在全球許多地方設有實驗室，頗具規模，唯獨缺少臨床前毒理試驗這一塊，」陳筱苓回憶，當毒理中心要拆分的消息傳出，昌達生化二話不說就提案參與承接廠商遴選。

當時，QPS已經是頗有名氣的中小型委託研究機構，毒理中心正可以藉著它的助力，成為國際級的試驗機構，加上多年的合作默契、企業文化合拍，「我們可以說是『天作之合』，」陳筱苓說。

前所未有的震撼教育

加入QPS之後，很快就開始為國內外學、研機構及藥廠，提供毒理與臨床前安全性測試服務，以及藥物濃度分析、藥物動力學研究，也提供連結臨床試驗報告的生體可用率（BA）及生體相等性（BE）試驗等。

離開法人單位進入民間企業，原本的毒理中心立刻轉場，完全進入商業競爭的戰局。

當時，除了陳筱苓擔任昌達生化的毒理與臨床前測試中心資深總監之外，其他團隊成員有兩個選擇，一是繼續留在生技中心，但轉任不同單位；二是隨著毒理中心，加入民間企業的行列。

前者比較安穩，但大部分成員都毅然決定，希望跟著實驗室加入昌達。儘管面對未知的挑戰，但他們鬥志高昂，期待在民間企業大展身手。

留在法人單位固然穩定，但發揮空間較小，加入民間企業才有大展身手的機會。

在生技中心服務十一年的毒理中心動物資源管理組組長趙志勳，分享當時的心情：「法人體系，自由發揮的空間相對較小，所以滿期待進入民間公司能有所作為。」

一開始，實驗室依舊如往常般運作。

「實驗室最重要的就是團隊，而我們成員彼此都是熟悉的，」毒理中心試驗主持人楊祐慧談到，進入新公司，主管可能需要建立新的取向，但團隊成員只要跟著做，影響並不大。

「同樣的人、同樣的地點，只是公司招牌換了，」毒理中心品保經理陳文靖笑著說，「原來的工作也沒有因此停擺，仍需要繼續完成。」

然而，正當一片風平浪靜時，團隊很快就迎來震撼教育。

從生技中心拆分出來的成員，人數突然銳減，趙志勳記得，當時不知道為何，幾乎都離開了，「本來全組大概有八、九個成員，後來只剩下兩位實驗人員及兩位清潔阿姨。兩層樓的動物房，我們得一人照顧一整層。」

不僅實驗室人員不足，新公司的支援也沒有過往齊全，例如，沒有資訊科技人員、採購人員。

走過成立初期的低潮，昌達生化以專業打
造突圍的轉捩點。中央站立者為昌達生化
毒理中心副總經理陳筱苓。

「難道儀器設備要自己買、自己議價嗎？」陳筱苓感到不可思議，但是這些不足沒有成為進步的阻礙，團隊反而因此練就了「多工」的一身武藝。

　　她說：「那幾年，昌達陸續併購其他單位，公司正在整合，大家就是一起成長。」

　　比如，楊祐慧除了負責撰寫報告，也要動手做實驗；陳文靖雖是品質主管，但一樣執行品保工作；趙志勳身為獸醫師，除能夠管理動物房，有一段時間還親自負責清掃，他笑著說：「這段經驗讓我了解整個動物房的成本計算，任何細節都可以掌握，這些經驗對於日後管理非常有幫助。」

猴子實驗室胎死腹中

　　人手不足，暫時可以靠熱情填補，但環境的限制，卻令團隊極度挫折。

　　為了提升影響力，昌達生化與團隊期待建立猴子實驗室。比起毒理中心之前做天竺鼠、兔子、中型犬等實驗，非人類靈長類動物在生理、代謝、發育等各方面，都表現出與人類近乎相同的生命現象，是研究生物醫學或基因學非常重要的一環，更是支持轉譯醫學生醫研究的重要動物模式。

　　「前兩年，我們花了相當多力氣，希望引進實驗猴，我們送人到美國接受訓練，也從美國請來專家，甚至連實驗猴籠架都設置好

了，」然而，台灣礙於動物保護等考量，遲遲沒有開放民間機構的靈長類動物實驗，這個計畫只能宣告失敗，陳筱苓無奈地說。

不僅如此，國際客戶的開拓上，也不如預期樂觀。

新客戶難找，老客戶也留不住

毒理中心原本期待借助母公司的國際知名度，引進更多歐美合作機會，但經過一段時間努力，始終無法突破。

陳筱苓一直試圖找出原因，逐漸發現這個殘酷的現實：

台灣即使表現夠好，也很難被國際正視，「雖然母公司是國際公司，但是對歐美客戶而言，我們實驗室在遙遠的台灣，母語甚至不是英語，憑什麼把實驗交給我們做？實驗做得好是一回事，但英文報告也能寫得好嗎？」

更雪上加霜的是，毒理中心因為換了招牌，從國家支持的單位成為民間企業，有些老客戶開始觀望它的公信力，不敢簽約合作。

那幾年的境遇，比起在法人機構還艱難。

從國家支持的單位成為民間企業，讓老客戶不敢簽約合作，唯有提升實力、呈現專業，才能迎接新機會。

「我們這麼認真努力，也很頂尖，為什麼就是賺不了錢？」陳筱苓感慨：「剛開始的五年確實非常辛苦，什麼大小困境都經歷過。」

儘管如此，在這樣的低潮中，團隊依舊百分百投入，從來沒有因為業績不好，而降低工作品質或以低價接案。

他們更加努力，對外呈現自己的專業，持續聚焦提升本身的實力。例如，昌達生化毒理中心擁有台灣第一個取得美國品保協會（Society of Quality Assurance, SQA）GLP專業品保人員資格，更是台灣唯一擁有毒理病理學獸醫師DACVP（Diplomate, American College of Veterinary Pathologist）的毒理實驗室。

終於，2015年，昌達生化迎來了關鍵轉捩點。

專業，是最好的敲門磚

2015年3月，美國FDA通知，要前來查核毒理中心，這個消息令陳筱苓既驚又喜：「當時台灣還沒有前例，不僅我們團隊成員很緊張，其他相關單位也都相當關注。」

忐忑的過程之後，毒理中心順利通過查核，成為台灣第一間通過美國FDA實地查核的臨床前GLP毒理實驗室。「這是給予我們的重要認可，也因為這份肯定，國內外客戶開始投注更多信任，與我們合作，」陳筱苓說。

自此，併入昌達生化的毒理中心終於步入了獲利的軌道。

「在這段過程中，董事長跟台灣的總經理都非常支持我們，願意持續投入資源，」陳筱苓很感謝，「因為有母公司做為後援，不用面對關閉的壓力，能專注找到突破的方法，用專業來說話。」

不過，他人的支持固然可貴，更重要的還是自己的努力。

以「零缺失」高標通過查核

一路走來，團隊不以既有成果自滿，仍然積極開發、建立新的系統及方式。譬如，2019年年初，毒理中心進一步以迷你豬執行藥毒理試驗，因為豬的生理結構及解剖結構，和人體最為相似，可應用於特定藥物研發。

但是，要建置一個全新的實驗動物項目，過程非常繁瑣。

「最重要的是，必須建立整套標準作業流程，包含動物的照顧及實驗方法等，」陳筱苓舉例，迷你豬的體型相較之前的實驗動物更大，光是建置合適的飼養空間，就花上不少力氣；另外，在實驗進行期間，為期九個月的每日皮膚塗藥，對人力安排就是一項艱巨的挑戰。

然而，隨著迷你豬實驗建置完備，毒理中心因而更擴充了服務範圍。

2023年，毒理中心再度接受美國FDA查核，以零缺失（No Finding）的驚人高標準，完美通過查核。

一路以來，陳筱苓非常感謝團隊願意攜手挑戰，「當我們決定

投入迷你豬實驗時，雖然是全新的嘗試，但同仁們就是一秉初衷，全力以赴，使命必達。」

商業競爭激發團隊潛力

從研究單位進入民間企業時，很多人無法改變思維，難以適應新環境。團隊怎麼看待這個挑戰？

陳筱苓在法人時期就帶領毒理中心承接商業案件，因此這個轉換幾乎無縫接軌。她認為，民營公司的遊戲規則更為明確，一切依循商業邏輯，在競爭中也更專業取向。

「法人單位必須考量國家政策，雖然初期沒有生存壓力，卻也有窒礙難行的部分，」陳筱苓舉例，「像是碰到與民爭利的可能，就會陷入模糊地帶，難以運作。」

這個天花板一旦打開，視野與鬥志同時迸發，過去認為不可能的事，現在大家都願意嘗試去突破。

「以前覺得我們已經做得很好，但是在新的舞台上才發現，不是好就可以，更是要不斷超越，」趙志勳分享這些年的感觸，「雖

民營公司有其商業邏輯，競爭間更重視專業取向，不能以做好為滿足，而是要不斷超越。

然私人企業挑戰多，但成就感也不斷墊高了。」

「剛開始認為營業額五千萬元已經很多，做到一億元時，覺得好像還不錯，達到一點五億元時，又覺得還能提升到一點七億元，」陳筱苓說，團隊的潛力在商業競爭中不斷被激發。

雖然過程中經歷了人員的來去，當初從生技中心過來的三十七位成員剩下不到十人，但陳筱苓正面看待，「隨著公司成長，本來就會有成員更替。」

現在，昌達生化毒理中心更嘗試把觸角伸向其他領域，例如：跨足藥理，以及精進測試方法，希望在毒理領域持續成長。

目前，毒理中心的國際客戶占了30%至40%，未來期望借助母公司QPS的優勢，翻轉國內外客戶比例，期待成為國際知名的毒理中心。

突破桎梏，再創新局

由於法規及種種複雜的國際情勢現實，毒理中心經常覺得受到局限。

「我們是非英語系國家，甚至因為不是經濟合作暨發展組織的會員國，所以必須花很多力氣去說明報告的價值，」陳筱苓無奈地說明。

而實驗動物仰賴進口，也一直是毒理中心未解的難題，無論實驗犬或是實驗兔，從申請、許可引進，到真正能應用於實驗上，往

往都要歷經兩、三個月，削弱了時效性的競爭力。

　　儘管現階段有許多無法克服的現實，但陳筱苓並不退怯：「有人才、技術好，能承接複雜、門檻比較高的項目，是我們的優勢所在。」相信自己，昌達生化毒理中心持續努力往更好的未來邁進。

文／陳培思・攝影／蔡孝如

台康生技

為CDMO市場
注入活水

生技中心建立台灣第一座符合cGMP規範的生技藥品
先導工廠，2013年順應全球CDMO市場翻轉之際，
衍生成立台康生技，創辦人劉理成勾勒成功營運的商業
模式，定調CDMO與生物相似藥品並行的雙引擎策略。

與原廠生物藥高度相似的生物相似藥，在原廠藥專利到期後，可提供更經濟的選擇，增加市場競爭，提高病患對高價生物藥的可及性，對降低醫療支出和擴大治療選擇，具有重要意義。

根據生技中心產業資訊組ITIS研究團隊的調查，隨著生物藥品的專利到期，愈來愈多生物相似性藥品獲准上市。至2023年年底，美國食品暨藥物管理局（Food and Drug Administration, FDA）共核准四十五項生物相似性藥品；知名管理顧問公司麥肯錫則預估，未來十年美國及歐盟將有超過五十五項暢銷生物藥品專利到期，市場商機可期。

2012年成立的台康生技，是台灣生物相似藥的先驅，透過多年技術研發布局，提供民眾與醫療院所更多經濟治療選項；此外，台康的委託開發暨製造服務（CDMO），也大幅縮短了藥品上市時程，協助製藥業者降低資本支出與營運風險。而這兩大方向，也融匯成為台康的雙引擎策略，持續推動企業成長。

在松山機場敲定的商業大計

在成立之初，台康便有十分明確的發展策略，莫非創辦人劉理成一開始就懷抱創業理想，長期縝密規劃公司成長藍圖？但他說：「創業原本沒有在我的人生計畫裡。」

畢業於台大化工系、擁有美國哥倫比亞大學化工和應用化學博士學位，劉理成與生技產業淵源甚深，曾任職AnGes、GenVec、諾

華集團（Novartis）、W.R.Grace & Co.、Halcon SD等企業。

他回憶，2011年至2012年，曾多次前往中國大陸，了解當地生技產業發展狀況，發現在沒有生物相似藥的法規下，已有一、二個仿製的生物藥，在當地以「第二類新藥」的方式核准，同時約有近十個項目在開發中，有好幾個已在三期臨床或剛完成三期臨床。

最初，劉理成的打算，是要評估這些品項，是否有些可以符合歐盟的生物相似藥法規（當時美國的生物相似藥指導綱要尚未公布），結果，因為產品特性／品質（Target Product Profile）與原產品相差太遠，要經由製程改善將會曠日廢時甚至無法改善，必須從複製細胞株切入，但這又需要一個有經驗的團隊才能勝任。

此時，他暫時結束中國大陸的行程，與同行的德國朋友舒爾茲（Thomas Schulze）順道由上海前往台北，意外開啟了他走上創業之路的想法。

「在台北的時候，生技中心執行長汪嘉林邀請我們參觀現行藥品生產管理規範（Current Good Manufacturing Practice, cGMP）生技藥品先導工廠，並與幾位主要同仁進行技術交流，了解他們的能力及過去的實際經驗，」劉理成表示，那座先導工廠的儀器設備與廠房，放在國際上可能不算頂尖，但那些生技中心同仁，卻可說是當時台灣唯一有生物製劑開發經驗的「團隊」（Talent Team）。

有人才，才能辦成事。

劉理成談到，台灣有不少研發新藥或新劑型「505 (b) 2」的新

創公司，但大部分是開發新藥到概念驗證（Proof of Concept, POC）階段，就把產品授權出去，沒有生產技術開發及符合藥品優良製造規範（Good Manufacturing Practice, GMP）的生產能力，「沒有穩固的基礎與能力，是無法建立可持久永續的生技產業鏈。」

但，這個問題並非無法可解。

劉理成當初的想法是：「若有具備技術能力及實戰經驗的領導者，適度調整這個團隊的技術和任務導向，假以時日將可望成為未來產業鏈永續的基礎。」

除此之外，國際趨勢是另一波助力。

2010年至2013年，全球生物藥發展蓬勃，新產品的製程研發及臨床藥物生產需求、製程開發外包與產能需求等，皆開始快速成長，讓很多委託代工廠商擴增細胞株及製程研發能力，大多數的委託生產服務（Contract Manufacture Organization, CMO）也蛻變成為CDMO。

如何控制高昂的生物藥價格，已是當時世界各國健保面臨的難題，而以發展生物相似藥來制衡藥物價格，便成為一股全球趨勢。歐盟自2006年起，便逐步訂定完整的生物相似藥法令；美國也在2010年3月21日通過《平價醫療法》（Affordable Care Act, ACA），因此有了建立生物相似藥審核機制的法源基礎。

於是，劉理成準備從台北回上海，完成最後評估工作，而在松山機場候機時，他在機場出境大廳旁的星巴克，與舒爾茲一邊喝

身為台灣生物相似藥的先驅，台康生技創辦人劉理成（左三）與團隊歷經十年研發，於2020年推出台康首款生物相似藥「EG12014」後，即授權給國際大廠並取得藥證，造福乳癌與胃癌患者。

咖啡、一邊討論他這一路的心得及想法，後來就用了星巴克的餐巾紙，勾勒他的想法及商業策略及計畫，定調未來公司的商業模式會採取雙引擎模式。

擬定雙引擎策略

劉理成擘劃的雙商業引擎模式，其一，是提供生物製劑CDMO服務給顧客；其二，開發生物相似藥品的自有產品，而初期便是以併購當時生技中心要拆分的生物製劑先導工廠為基礎，「這應該是台康生技最原始的一份商業計畫。」

有了計畫之後，緊接著就是如何募得創業資金。

台耀化學是台灣化學藥物及高活性原料藥開發生產的大廠，創辦人程正禹與劉理成是建國中學的同班同學，兩人常討論如何切入生物藥的開發及生產。因此，當劉理成把創業想法第一時間與程正禹分享後，隨即在紐約市一年一度的DCAT（Drug, Chemical & Associated Technologies）國際會議中見面，討論做法、資金與籌備工作等細節，終於，在2012年12月5日，由台耀化學代為取得併購權，並在當月21日，由台康正式在經濟部完成登記並開始募資。

由於劉理成對台灣金融市場較為陌生，開始時多仰賴程正禹協助介紹各路投資人。2012年，台灣投資市場對生技投資熱絡，再加上國發基金主動參與投資成立時的A輪第一部分的四點五億元現金的90%，很快在兩個月內便募得資金。

2013年，台康、台耀、生技中心完成三方簽約，台康取得經營權及三十九位研發生產人員，同時承接細胞株建立、量產製程開發、分析技術開發、GMP品質系統運作、動物細胞、微生物細胞的開發技術、一座通過台灣食藥署認證的cGMP哺乳類動物細胞廠房，以及剛完成確效的微生物cGMP廠房的移轉。

不過，一如許多創業故事般，公司成立，才是考驗的開始。

路不好走，更要堅定地走

「十年前，台灣各界對CDMO的認知普遍不足，再加上生物相似藥往往需要長達十年的研發期，」劉理成忍不住感嘆：「台康選擇的兩條路都不好走。」

一句「不好走」，背後是數不盡的心酸。

「早年講到CDMO，還有不少人誤以為它是CRO（合約研究組織）或CMO（合約製造組織），」劉理成說起當年的故事，「還好，經過市場教育，現在台灣產業對CDMO已經有完整的認知了。」

至於生物相似藥的發展，則是必須克服技術面的挑戰。

提供CDMO服務及開發生物相似藥之雙商業引擎模式，奠定台康生技的創業基礎。

生技製藥研究非常專業，需要隨時注意各
種微小變化，因為很可能一個小改變，就
會影響藥物的效力與安全性，每個過程都
必須以高標準嚴格應對。左為台康生技創
辦人劉理成。

劉理成提到，生物蛋白質結構相當複雜，要利用細胞生產技術，創建出與原廠產品在結構和功能上高度相似的複製品，極為困難。而要解決這個問題，別無他法，只能大量反覆試驗（trial and error），透過不斷的實驗和測試，優化生產過程。

「對製藥產業來說，再微小的變化都要避免，因為它可能影響藥物效力和安全性，必須持續調整，每個過程都要依照標準嚴格執行，以確保開發的產品能與原型高度相似，」他強調，「唯有經過嚴格的產品測試，仔細評估相似程度、識別需要調整的差異，才能確保每一批次產品都能達到預期的治療效果和質量標準。」

自成立以來，台康十年來歷經八次募資，共籌集約一百四十億元資金，其中包括2021年，鴻海創辦人郭台銘以永齡基金會及鴻準精密機械參與的私募五十億元。募得的資金，多數投資在新產品開發、新廠建置及生產設備，包括：擴建生產線和建設新廠房。

「台康一直非常有效率地使用每一分錢，甚至還有約六十億元的現金儲備，」劉理成這句話說得格外擲地有聲，也不難看出，堅持走上這兩條格外難走的路，其中需要多少毅力與韌性。

十年有成，首款生物相似藥行銷全球

2020年，台康第一款生物相似藥「EG12014」問世，並授權給生物相似藥大廠山德士（Sandoz），之後又在2023年11月正式取得藥證，以「益康平」（EIRGASUN）凍晶注射劑上市，主要用於治

療HER2陽性乳腺癌、轉移性乳癌及胃癌患者。

　　乳癌是全球常見的癌症之一，劉理成提到，約有20%的乳癌患者腫瘤為HER2陽性，生長速度較快，需要迅速治療，而透過益康平，可讓患者獲得改善生活品質的機會，更為醫療保健系統節省開支。這項產品除了在台灣、日本、韓國、中國大陸等市場銷售，也授權給全球學名藥及生物相似藥大廠山德士，負責在台灣、中國大陸、俄羅斯與部分亞洲國家以外的地區銷售。

　　台康的另一款產品「EG1206A」，是第二代HER2陽性標靶抗體藥物生物相似藥「賀疾妥」（Perjeta、Pertuzumab）。「Pertuzumab與益康平的主成分Trastuzumab合併使用，在治療HER2陽性早期乳癌和轉移性乳癌時，兩者效果相加、共同作用，比單獨使用一種藥物，能更有效延長HER2陽性乳癌患者的存活期並增強治療效果，「目前已推進至臨床三期試驗的準備階段，產品成功上市後，將可進一步拓展公司的國際競爭力，」劉理成自豪地說。

人才配置再強化

　　以十年光陰，台康做出如今的成績。這樣的時間，放在電子產業著實太長，但在生技產業，卻可說是相當讓人喜聞樂見的速度。為何台康能夠做到？有什麼值得台灣生技產業參考學習的地方？

　　「人才配置是台康的強項，」劉理成分享：「台灣在研發領域雖有豐富的人才資源，但在藥品開發領域，缺乏具備實戰經驗和創業

勇氣的經營人才。」

他進一步解釋，學術研究者未必擁有實際經營經驗，但藥品開發涉及藥物的科學研究，還需要對市場趨勢有深入的理解和敏感度，「藥品能否成功，不僅取決於藥物本身的效果和安全性，更須依賴主事者對市場動態的精準掌握和策略性布局。」

但，如何能夠做到？

「首先要深入研究市場，了解當前狀況和未來趨勢，並透過跨學科合作，綜合各領域專家的知識，」劉理成指出，企業主應鼓勵新進團隊多參與實際項目，透過培訓和實習機會強化經驗和能力。

其次，他也強調風險評估和管理人才的重要性：「企業應該要在內部建構可識別和應對各種風險的機制，以保持策略的靈活性、及時因應市場變化，同時藉由廣泛的產業網路獲取訊息，精準掌握市場動態並進行策略布局。」

更重要的是，策略布局要以全球為範疇。

「必須密切關注國際市場趨勢，」劉理成提醒台灣生技業者：「即便台灣目前在部分領域能與國際大廠比肩，但仍應緊盯產業動態，提早布局。」他也建議，生技中心可聚焦於孵化與培育創新技術，持續為國內的生技產業注入活水，帶動台灣下一波產業升級。

文／王明德・攝影／黃鼎翔

啓弘生技

立足生物藥檢測
航向新藍海

接手生技中心建立的生技藥品檢驗中心，啓弘生技跨入
亞洲生物藥檢驗的新藍海，面對公司成長布局，董事長
阮大同更看上病毒載體製造商機，放眼全球細胞與基因
治療飛速擴展的市場。

「**我**們就好像一群沒有軍事作戰經驗的民兵，透過不斷自我淬鍊和實戰經驗，形成一支陣容堅強、可以上場戰鬥的職業軍人……」啓弘生物科技董事長阮大同回想起從2008年至今，與一批熱血的夥伴從無到有建立的生技藥品檢驗中心，也是亞太地區首座專攻生物藥品測試暨安全性的跨國商業檢測中心，一路走來披荊斬棘的歲月，頓時有感而發。

能讓他如此感慨，與台灣生技產業長期缺少的一塊拼圖，息息相關。

生物藥檢付之闕如

台大化學系畢業後，阮大同於1997年取得美國賓西法尼亞大學生物化學暨生物物理博士學位，陸續在美國德州大學醫學院病理系從事B型肝炎病毒研究、美國Berlex Bioscience（現屬德國拜耳藥廠）從事攝護腺癌的基因治療研究，也曾在羅氏大藥廠美國加州研究中心從事C型肝炎病毒藥物研發。就這樣，一直到2005年，因緣際會下讓他決定返台，加入生技中心，負責藥物設計、分析開發、藥理學到臨床前開發的各種研究工作，一路做到副執行長。

「當時的亞洲，僅日本大型藥廠設有內部專用的檢測中心，台灣業者的生技新藥主要送往英國BioReliance與美國Charles River這兩家公司檢驗，」他描述當年台灣與整個亞太地區生技製藥產業的挑戰：「一堆藥廠排隊受檢，不僅曠日廢時，有些專案還必須派專人

前往當地解釋製程或相關機制，對台灣的藥廠來說，是一筆很大的成本……」

「過去，台灣具有蛋白質藥物開發能力的藥廠不多，因此，一旦開發出新藥，一律只能送到國外進行安全性檢驗，除了費用高昂，也影響產品上市時效，」阮大同表示，台灣擁有充沛的研發動能，相關製藥產業蓬勃發展，然而對於進入臨床開發最關鍵的安全性及有效性檢驗技術和設備，卻付之闕如。

這樣的情況，如果回想新冠肺炎疫情初期，疫苗短缺的情況，便不難理解。

阮大同提到：「台灣雖然可以自行研發疫苗，但疫苗的安全性、有效性都必須送到國外檢測，但國外廠商都是以滿足本國需求優先，對台灣疫苗廠商就是一大挑戰。」

補齊台灣生技產業拼圖

有沒有一種可能，在解決問題的同時，也能更上層樓，為台灣生技產業找到一片藍海商機？習慣走一步看三步的阮大同開始思考，憑藉自己的專業和生技中心的資源，能夠為台灣做些什麼。

阮大同很快找到答案，在2008年建立生技藥品檢驗中心。

「我想為台灣建立一個環境，擁有各項與生物製藥相關的檢測、實驗室等設備，再加上一批實力堅強的研究團隊，可以持續開發相關測試技術，提供符合國際法規的新藥臨床前及臨床試驗檢測

服務，」他認為，「透過這種方式，不只能夠減少國內藥廠新藥開發成本，完整串接國內生技產業價值供應鏈，更可以做為台灣跨足國際生技製藥檢驗市場的先驅及試金石。」

然而，懷抱理想，卻也得認清現實。

「台灣的生技製藥業大多屬於中小企業規模，要從無到有建置起一套符合國際檢驗標準的軟、硬體設備，是企業無法獨立負擔的天價，初期打地基的工程，勢必得仰賴政府資源大力灌注，」阮大同說。

為了串接整體產業價值供應鏈，生技中心與現在的農業科技研究院（簡稱農科院）的台灣動物科技研究所共同規劃，爭取到經濟部技術處的經費支持，打造出具有跨國商轉能力與機制的生技藥品檢驗中心，讓亞洲的研發與檢驗實力可與歐美各國並列。

然而，這項成果，雖是完善了台灣生技產業的拼圖，過程中卻有太多不足為外人道的故事。

檢驗新創闖三關

萬事起頭難，草創團隊凡事都必須自行摸索，回想生技藥品檢驗中心創立初期的篳路藍縷，阮大同至今記憶猶新。

「我們不只要為台灣建立一個前所未有的商業模式，更重要的，是為這個全新的產業發展所需要的技術，培育符合所需的關鍵人才，」為了獲得各項最新技術及生物藥檢驗趨勢，阮大同與研究

團隊只能向國外取經，把握每一次參與國際研討會的機會，與歐美各大檢驗公司互相交流，再整理出適合台灣作業環境的實驗流程，並且為了符合在地法規，還必須思考各種新技術開發或實驗流程規劃的可能性。

一個簡單的案例，就能呈現泳渡藍海要克服的三大挑戰：技術、法規遵循、市場開發。

「以技術層面來說，無論是疫苗、基因療法及重組蛋白等藥物，都必須接受經過特別設計、包含數十項檢測項目的生物藥專屬的檢測，」阮大同以蛋白質藥物為例指出，「這類藥物在純化過程中非常容易遭到細菌或病毒汙染，一個有效的實驗必須能夠用數據說話，證明這套實驗的純化過程，具有去除病毒能力，讓相關主管單位認可這些數據。」

然而，團隊手中早已掌握檢驗報告的形式，法規規範也早已白紙黑字寫得清清楚楚，問題是：要怎麼設計實驗、找到可用的技術套進去？

找出產業鏈發展的缺口，
並建立起前所未有的商業模式，
是創業者必須具備的眼光及願景。

尤其，當時蛋白質製藥屬於全新領域，許多舊有的藥物相關法規不一定能完全套用，因此，阮大同與團隊變得格外忙碌，除了技術開發，許多時候也必須與各單位溝通審查標準。

「每道關卡都必須靠研究團隊自己一步步突破、找答案，」他說明，從生物製藥開發轉入全新的檢驗領域，實驗室裡不再只有各種試管或瓶瓶罐罐，「為了證明藥物的安全性和有效性，大家必須學習把受檢藥物注射到老鼠體內，但是一開始把老鼠抓在手上的時候，會整個人突然呆住……」

阮大同回憶當時的窘境，一時忍不住發笑，但大家當時卻是「一個頭兩個大」，因為，每個人都只曉得要把藥打進去，卻沒人知道怎麼打、從哪個位置打，最後只好請台大獸醫系的教授來技術指導，讓每個人慢慢上手。

至於面對市場開發的挑戰，如今談起過去，反倒是最令人為之振奮的一段。

原來，返國加入生技中心之前，阮大同就立志要創業，在這樣的前提下，他為生技藥品檢驗中心規劃了一份特別的策略地圖，也就是要採取「以戰養戰」的模式——一邊從台灣、韓國、泰國、日本等地藥廠接單，因應各國法規，開發出數十種相關藥物檢驗技術；一邊建構各項軟、硬體設備，朝向「成為藥廠新藥開發全方位解決方案的顧問」前進。

在這個理念下，生技藥品檢驗中心開始提供一條龍服務，包辦

為兼顧技術研發與商業營運所需，啓弘生技董事長阮大同（中）從創業之初，便設法將商業基因融入團隊，重塑企業文化。

商場如戰場，兼顧成果與時效，是傳統研
究人員或學者進入業界時，必須適應的思
維衝擊。

了新藥初期開發的相關作業及檢測、臨床前生產用細胞與原料的檢測，而中後期的「生物安全性測試」與「製程病毒清除確效」，更是他們的強項，連先導藥物生產與臨床前的各項相關檢測，也都在掌握之中。

2016年，是阮大同實現理想的一年。生技藥品檢驗中心擁有年營收四千萬元的實力，也依照最初提出的計畫案正式商轉，衍生成立「啓弘生物科技」，並且在公司成立的第一年，即達到營運的損益兩平。

企業轉骨，研發、市場並重

「創業，才是另一個挑戰的開始！」阮大同坦言，雖然接手生技中心移轉的各項設備及大部分的團隊夥伴，對穩定公司初期發展助益甚大，但是研究人員的思維模式，卻成為企業發展的一項阻礙：「研究員或學者，通常較為結論導向，對於『時間限制』的概念比較模糊；但是商場如戰場，時間到了，就必須交出客戶要的成果。」

為了將商業基因灌入公司，阮大同除了陸續從學、研單位或業界招募人才，打造一批商業開發團隊，也以改變領導風格來重塑企業文化。

「以前在研究單位，我比較不會干涉大家自由做研究，但是在公司成立初期，我每個星期都在催進度，還必須不厭其煩，一直

重複告訴大家什麼是商業模式，從技術、做生意的心態到培養客戶，」他努力讓每個人都知道，「技術」依然很重要，但不再是核心，拿到「生意」才是重點。

阮大同不諱言，這個陣痛期整整經歷了兩年，也流失了不少原來團隊的成員，但他覺得這是必經的陣痛，因為「公司要成長，必須找到能夠一起成長的團隊，人不對，什麼都不對。」

經過這場「轉骨」大挑戰，啓弘的企業體質果真轉換了，得以在維持研發量能與開發市場動能並進的模式下，為台灣及亞洲客戶提供快速、有效率且價格相對合理的檢測服務，短短幾年間營收便大幅成長至兩億多元，更在2023年5月正式登錄興櫃，跨入另一里程碑。

結盟日本百年企業，飛越太平洋

「創業，就是不斷被推著前進、求生存及壯大的過程！」經歷了多年產業洗禮，阮大同看的不只是未來五年、十年的企業發展，他想的是如何讓企業成為全球生技業的前段班。

近年來，啓弘看上了全球細胞與基因治療飛速發展的商機，再加上2017年美國開始核准了三個細胞基因治療產品，這個市場正日趨活絡。

因此，除了持續開發累積十多年經驗的細胞和基因治療產品、疫苗和生物製品生物安全測試和產品放行測試業務，啓弘更進一

步，為細胞和基因治療產品提供客製化病毒載體的製造，正式由檢測業務踏入製造事業，試圖跨入另一片生技藍海。

「我們與日本帝人株式會社集團結成跨國策略聯盟，共同搶攻日本再生醫療產業的市場大餅，」阮大同自豪地說。

誠然，走向國際的挑戰，所需要克服的困難可能比過去高了十倍、百倍，但國際市場成長基數也是倍數成長，所以，阮大同強調：「台灣生技產業發展到一定程度之後，走入國際是必要的活路，也唯有走入國際才能找到活路。」

他分析：「台灣市場有限，做生意就是要跟著市場走，所以我們積極和帝人株式會社合作，他們是擁有兩萬個員工的百年企業，在日本市場具有一定的品牌知名度和信賴感，與他們結盟，對於啓弘未來在日本市場的發展，應該會是事半功倍。」

展望未來，「啓弘目前是台灣唯一的生技製藥檢測及病毒載體製造公司，在亞洲也已經拚到前段班，但放到全球大局裡，只能算中段班，」阮大同希望，未來能夠站穩日本市場，藉著足夠的市占率持續開啟下一個階段的里程碑，「再來，我們要開發更多專利製造及檢驗技術，先迎頭趕上世界大廠，最後再超越他們！」

文／陳筱君・攝影／黃鼎翔

邁高生技

打造植物新藥
CRO 價值鏈

植物新藥從前景看好，到突破臨床試驗、藥證取得存在
種種困難障礙，邁高生技做為生技中心孵化的第五家衍
生公司，總經理鍾玉山肩負起延續台灣植物新藥開發動
能的重責大任，協助台灣植物新藥業者一路過關斬將。

2000年，美國食品暨藥物管理局（Food and Drug Administration, FDA）公告《植物藥產品審查準則草案》（Guidance For Industry-Botanical Drug Products-Draft Guidance）；四年後，又進一步公布《植物藥新藥指南》（Guidance For Industry Botanical Drug Products），做為植物新藥研發的法規指引。從此，開啟了一陣植物新藥的熱潮。

很快，這股風潮飄洋過海來到台灣。

市場龐大卻相對弱勢

「台灣原來就有使用傳統中草藥的習慣，當時經濟部也看好植物藥將是未來發展重點，在2001年提出『中草藥產業技術發展五年計畫』，生技中心植物新藥研發團隊也應運而生，負責執行經濟部中草藥科技專案二個全程計畫及植物新藥全程計畫，」邁高生技總經理鍾玉山說明當時生技中心肩負的任務。

所謂植物新藥，是根據幾千年來臨床應用的經驗，確定某種植物藥對某種疾病有治療功效，進行開發研究，而邁高自詡為「植物新藥魔法師」，便是因為它身為生技中心孵育的第五家衍生新創公司，不僅提供從新藥臨床試驗（Investigational New Drug, IND）到藥品查驗登記（New Drug Application, NDA）一站式服務，更是全球首家植物新藥委託研究機構（Contract Research Organization, CRO）。

然而，植物藥市場看似商機龐大，但在台灣卻相對弱勢，整體

開發歷程比化學藥更艱巨。縱然是身為生技老將的鍾玉山，在這條路上也走得十分艱辛。

從幕後走向幕前

時光拉回到 2001 年。

當時，台灣生技產業正開始掀起一股熱潮，但植物新藥還是一片相當荒蕪的領域。而鍾玉山做為科專計畫專案負責人，就是要協助台灣投入植物新藥的廠商能快速、有效整合資源，加速植物新藥研發時程，全面搶攻全球植物新藥市場。

果然，他不負使命，用十八年時間，帶領團隊為台灣的植物新藥發展打下基礎，包括：建置台灣、中國大陸及東協優良農業操作與採集規範（Good Agricultural and Collection Practice, GACP）栽種基地、建置萃取物的活性藥物成分（Active Pharmaceutical Ingredient, API）定性定量達95%以上的分離純化平台，以及建構探索植物藥作用機制的方法、植物藥主要成分生體可用率（BA）及藥物動力學（PK）的研究、建置生產植物新藥API的關鍵製程和產品生產（提供臨床試驗用）。

2018年，科專計畫告一段落，現實挑戰迎面而來——沒有計畫經費支持，植物新藥的下一步該如何走？

「中心希望，這些年來累積的能量，可以協助台灣植物新藥廠商走出去，做大原本相對式微的植物新藥市場大餅，於是結合民間

力量，協助植物新藥團隊衍生成立公司，」鍾玉山說。

　　身為計畫主持人，他義無反顧，於是搖身一變，從過去隱身生技中心，默默帶領團隊致力植物新藥開發的角色，轉為站上第一線，帶領邁高讓植物新藥的火種繼續延燒。

尋找確保藥性一致的方法

　　「邁高的成立，其實身負重任，因為我們必須負責把研發中的藥物送到美國FDA申請IND，然後技轉給廠商，」鍾玉山談到，做為台灣第一個植物新藥CRO，「我們期望可以繼續研究開發植物新藥的能量，也協助台灣植物新藥廠商開拓亞洲鄰近國家市場。」

　　然而，鍾玉山的這項認知，意味著，從此他與團隊必須開啟一段任重道遠的人生新頁。不過，他也很清楚自己即將面臨的挑戰：「美國FDA在2004年公布《植物藥新藥指南》，二十年來，只有四種植物新藥獲得批准上市。」

　　數量如此之少？為什麼？

　　「植物藥成分複雜，產品規格及一致性很難掌握，作用機制不清楚，劑量反應的生物統計困難度高，效果難以證實……」鍾玉山娓娓道出植物藥開發過程中，許多待解的難題。

　　舉例來說，植物用藥對材料來源要求嚴格，因為包括種植地、批次不同，都會影響原料品質，不似化學藥般固定，必須以不同批次、產地的原料進行驗證，未來上市也必須盡可能保持植物批次和

從生技中心植物新藥計畫負責人到邁高生技總經理，鍾玉山（左二）持續帶領團隊協助業界開發植物新藥。圖中植物為左手香，萃取開發出的DCB-WH1，就是生技中心第一項技轉的植物新藥。

試驗時一樣，才能確保植物藥的藥性一致。

但要如何做到？

為了解決這個問題，邁高彙整歷年來累積的多種藥材種植經驗及技術，結合世衛組織和歐洲藥品管理局（European Medicines Agency, EMA）制定的GACP準則，建構出一套GACP種植管理系統，以標準化的種植方式，因應第三期臨床試驗和未來新藥上市的大量藥物需求。

又譬如，為了解決API必須達到至少95%濃度的要求，邁高斥資從德國購買儀器，進行結構鑑定、定量分析、分離純化，藉由植物新藥臨床試驗研發平台的化學生產管制與系統整合，將植物藥API分離純化，定性、定量達到濃度要求95%的高標準。

正因為如此艱辛，每一個階段性目標達到成果，都會讓人忍不住為之雀躍。「2005年送件美國FDA、2006年拿到第一個IND，整個團隊都非常興奮，因為當時我們其實還在摸索，對整個流程並不熟悉，」鍾玉山談起這個重要的里程碑：「現在，取得IND許可

植物藥的國際藥證取得不易，必須建構標準化的管理系統及準則，仔細做好每一步，才有機會成功。

是可以預期的，甚至需要花多少錢、多久時間，我們都已經能夠清楚掌握，但是一開始，所有人都是一片茫然，根本不曉得該怎麼做。」

問起當年，究竟是怎麼做到的？他說不出太多華麗的做法，只說：「就是按照規定的標準，仔仔細細做好每一步。」但，或許就是因為「按照標準」、「仔細」這種樸實的態度，無形中開啟了通往未來的成功之鑰。

開啟一場披荊斬棘之旅

從生技中心到邁高，鍾玉山帶領的團隊持續協助業界進行植物新藥開發，至今，已經完成十二項，且全數都技轉至產業界，其中有十件已經向美國FDA、台灣食品藥物管理署申請IND，包括：慢性糖尿病足部潰瘍、肝纖維化、癌症治療輔助、糖尿病等藥物。

「民間偏方就是因為有效，才會流傳至今，其實就是很粗淺的大規模臨床實驗，」鍾玉山說，糖尿病足潰瘍藥DCB-WH1（ON101），就是生技中心第一項技轉的植物新藥，自坊間常用的消炎植物聖品左手香提煉萃取物，自主研發DCB-WH1，已經技轉給合一生技。業者接手後，經過十五年的開發，不但完成國際多中心三期臨床試驗，在2021年取得台灣藥證在台上市，2022年更通過美國FDA醫材上市許可。

然而，每一款藥物開發過程中，都會經歷很多波折，永遠都有

層出不窮的新問題需要解決，如同一場披荊斬棘之旅。

2022年，邁高因為一款藥物基因毒性檢測未通過，被食藥署要求進一步說明。

「但從學理上看，我們認為不是藥物產生基因毒，也舉證過去的科學文獻，但食藥署還是不接受，」鍾玉山無奈地說，邁高和食藥署在這個問題僵持很久，雙方始終沒有達成共識。

後來，邁高被要求進一步進行高等動物進階實驗，卻由於碰上新冠肺炎疫情，國外實驗室都因為疫情關閉停擺，台灣又沒有合格實驗室，邁高只好跟食藥署溝通，希望先在台灣試做類優良實驗室操作（Good Laboratory Practice, GLP）實驗，待取得核准且疫情緩解後，再補齊國外實驗。

然而，好不容易協商完畢，卻找不到人願意承接。

「不是沒有能力，而是必須額外建置系統，但植物新藥需求不多，業者若投入，不合成本效益，」鍾玉山坦言，「台灣周邊資源有限，往往要解決一個問題卻會遇上另一個困難，這也是台灣發展相關產業辛苦的一環。」

好不容易，終於在台灣完成老鼠的基因毒理試驗，證明真的沒有存在基因毒性，鍾玉山印象很深刻：「2022年的最後一個上班日，終於收到食藥署回覆，告訴我們『通過了』。當下振奮開心，但只維持了幾秒，接著就忍不住感嘆，這樣來來回回，一折騰就是兩年多。」

打下了艱難卻漂亮的一役，但，植物藥終究是較少人走的一條路，邁高仍得不斷披荊斬棘前進。

植物藥驗證要求持續升級

「藥品開發上市，就不會再區分植物藥或小分子藥、中藥或西藥等形式，而是要考慮功效、價格，能不能超越其他治療藥物，才有辦法取得市場利基，具銷售價值，」鍾玉山談到，植物藥進入市場，就是和所有藥品一同競爭。

然而，面對植物藥複雜的成分，如何驗證作用機轉、證明療效，一直是發展的瓶頸。

「很多人會把天然物來源的小分子藥和植物藥混為一談，其實兩者完全不同，」鍾玉山解釋，例如，應用於癌症的紫杉醇（TAXOL），雖然是從紅豆杉中萃取，然而只是提取單一成分製成小分子藥物，但植物藥中的萃取物都不是單一成分，而是很可能包含了上百個分子。

「面對這上百個分子，要怎麼看效果？怎麼看作用機制？怎麼

> 發展植物新藥，市場及資金是挑戰，唯有邁向多元化經營，才能站穩腳步。

看藥物動力學？」鍾玉山談到，這些年來，始終沒人願意正視這個問題。

他談到，對於植物藥，美國FDA第一版指引條件較為寬鬆，申請IND時只需要最基礎的化學、製造與管制（CMC）、藥理、基因毒和安全試驗；然而，隨著十多年發展，FDA對植物新藥審查逐漸趨於嚴格，朝向和所有藥物同等標準。

以2016年發布的《植物藥新藥指南》修訂版為例，鍾玉山指出，其中要求藥物動力學、作用機轉、代謝物都必須完備，且完成動物試驗後，還要進入人體臨床試驗，證明藥物有效和安全性，才能獲得批准上市。

對於美國FDA提高審查標準，鍾玉山並不意外。果然，邁高在送審合併治療非小細胞肺癌新藥ZR01時，終於得面對這個擱置已久、懸而未決的難題。

面對問題才能解決問題

「這是非常龐大的工程，」鍾玉山解釋，「以藥物動力學來說，中草藥要做植物藥的藥物動力學，但由於是和西藥並用，因此西藥的藥物動力學也要做，還要確認二者之間會不會相互影響，等於要做三種藥物動力學，又加上是協助抗癌藥物，和化療藥並用，還必須再增加藥物交互作用的試驗。」

怎麼辦？

「問題來了，當然只好面對，」鍾玉山微笑著說，邁高團隊卯足全力找尋答案，歷經一年時間，陸續找到合作夥伴，一步步克服問題。

終於，得到令人眼睛為之一亮的成果。

「我們真的做出來了！」鍾玉山非常振奮，「在老鼠實驗的血液濃度測試發現，並用時會讓紫杉醇及順鉑含量都提高，證明可以增效，也就是可以減少原來的化療用藥，副作用相對就會降低，這就是價值所在！」

「過去，很多人都說中草藥不科學，醫界普遍對中草藥缺乏信心，實務上又一直沒有實證能解除醫生的疑慮，自然也無法說服醫師在臨床上使用；現在，中草藥也可以進入科學的討論與實際臨床應用了！」鍾玉山自豪地說。

「其實，這些影響中草藥發展的問題一直都存在，但因為複雜且困難，過去大家都不敢面對，就是鴕鳥心態，把頭埋在沙子底下，以為不去看就沒有問題，」鍾玉山坦言，「但邁高必須繼續經營生存，對於這些問題沒有迴避的空間。」

突破這一關，邁高，又往前邁進了一大步。

「終於，我們可以大聲說：『植物藥是有效的！』而且是用科學數字、真憑實據說話，」鍾玉山充滿希望地說：「有了科學根據，是植物新藥未來發展很重要的支柱。」

「回顧這些年來，目前科技專案的所有植物藥裡，只有一個藥

順利上市，」鍾玉山認為，目前台灣不缺 IND，但是較缺乏 NDA 上市藥。

市場、資金成為最大挑戰

發展植物新藥，最需要的就是資金，但台灣市場不夠大，成為問題所在。「藥物開發成本高昂，需要大量資金，動輒是以億元為單位計算，以台灣的市場規模，個別廠商獨立投入，財力往往無法負擔，」鍾玉山談到，考量資金與公司特質，從研發到上市，可以只專注其中一個階段，然後由不同公司接棒完成，這種合作方式可望解決部分資金問題。

但，新藥開發過程漫長，在無法確定能否回收的情況下，還是會讓業者卻步。沒有業者投入植物藥開發，做為植物藥 CRO 的邁高，首當其衝受到影響，「這個問題沒解決，邁高就沒有生意可以做，」鍾玉山直言。

有鑑於此，鍾玉山開始把目光轉向中國大陸市場，除了原本的 CRO 業務，再加入開發中藥新藥「經典名方」行列，投入當地的上市後再評價和中藥材種植領域的服務，「『經典名方』是個機會，可以讓開發植物藥的廠商短期內就在中國大陸獲得藥證，為廠商帶來收入，也能提高他們投入植物藥領域的意願。」

同時，邁高也正慢慢調整，朝向多元化經營，期望未來自行推出中草藥產品。

缺乏科學化的實證數據，使得中草藥要走入國際，總有道很大的鴻溝，「但科學就是科學，不應該分中藥或西藥，只要我們能夠做好科學化的流程設計，就可以在西藥的模板底下，思考中草藥及植物藥的問題，」鍾玉山樂觀以對，「科學的突破是有階段性的，必須一部分一部分去解決，所以，我們就是一步步做好科學驗證，一切讓科學說話。」

　　更進一步來說，「我希望讓邁高成為跨越鴻溝的墊腳石，」鍾玉山強調，他要扮演轉譯者的角色，把西方的醫學科學應用到傳統中草藥，用共通的語言搭起溝通的橋梁。

　　二十多年面對美國FDA的實戰經驗，能夠在植物藥業者投入新藥開發時給予務實的建議，是邁高最大的優勢。鍾玉山自信地說：「新藥開發中碰到的問題，我們都可以幫忙回答，因為我們有經驗，知道法規單位在意的問題，也知道藥物開發的重點在哪裡。」

　　邁高不只是參與其中一段，而是陪伴每個項目走到最後新藥上市，鍾玉山說：「只要廠商想做，我們就一起走到最後。」

文／陳培思・攝影／黃鼎翔

第 四 部

技術移轉

台灣生技產業已成為耀眼的明日之星，

正因為有許多生技人不願放棄，

持續鑽研新技術的精神，

終於為疾病患者提供更多治療選擇，

也為人類健康寫下精采一頁。

首款上市植物新藥 DCB-WH1

照顧糖尿病友
慢性傷口的利器

DCB-WH1為生技中心首例授權給產業並成功上市的
植物新藥，合一生技運用靈活市場策略，於2022年搶
先取得美國510(k)上市門票。幕後推手吳瑞鈺，分享
十三年研究開發的艱辛與值得記錄的榮耀歷程。

不小心受了傷，幾個月過去，傷口始終好不了；甚至，感染了、發炎了，腳部潰瘍了……

搜尋網路文章，可能會看見「這是糖尿病常見的慢性共病」之類的說法。

身為糖尿病患，只能接受這樣的宿命嗎？

以往，或許只能默默承受；如今，卻可望改變。背後的功臣，就是由合一生技承接的生技中心DCB-WH1技術，不僅可促進細胞增生，同時具備抗菌、抗發炎等多重益處，對改善糖尿病患者生活品質意義重大。

過去於生技中心帶領植物藥團隊不斷創新與堅持，現為合一生技獨立董事吳瑞鈺，正是DCB-WH1的幕後推手之一。

專注植物藥領域

DCB-WH1是生技中心第一個技轉成功的案例，而說起吳瑞鈺當年加入生技中心的原因，她開玩笑說：「因為當時我就住附近啊！」原來，當時生技中心的舊址仍在長興街81號，朋友告知中心正在徵才，她抱著碰運氣的心情去應徵，最後脫穎而出，加入農業生技組，開始投入植物藥的研究。

不過回想過往，「農業生技組的工作相當辛苦，」吳瑞鈺談到，農業生技產業當時在台灣相對弱勢，因此政府希望藉由政策補貼，帶動國內產業發展，沒想到卻在無形之中，增加了他們與民間

企業合作的難度，「太常失敗，難免覺得沒有成就感，我的研究方向就逐漸轉移到植物的二次代謝物。」

所謂植物二次代謝物，是透過細胞培養生產天然藥物，但需要使用的都是像紅豆杉這類高價值作物，原材料取得不易，使產品開發增加許多難度。不過，「我對植物藥的潛力就是有種莫名的信心，」原本就對植物研究頗感興趣的她說：「就是堅定相信這個產品的發展潛力，因此一直沒有放棄。」

吳瑞鈺的信心與堅持，是有理有據的。

她細數，植物具有獨特、多樣性和豐富生物活性成分等特色，對各種慢性病治療及人體健康維持至關重要，多年來結合傳統中藥與現代醫學研究，不僅拓展醫療治療範圍，同時也促進了醫學創新。而刺激市場蓬勃的誘因之一，是美國食品暨藥物管理局（Food and Drug Administration, FDA）在1996年公布植物藥新法規草案，並在2004年制定出完整法規《植物藥新藥指南》，掀起全球植物藥研發熱潮，吸引中國大陸、台灣、德國等過去對植物藥有長久使用經驗的國家開始致力投入。

「尤其是中國大陸與台灣，」吳瑞鈺說明，「這兩個地方，過去雖已積累大量中藥、草藥的老一輩使用經驗，但主要依據都是辨證論治，缺少的是西方藥理證據。」

隨著美國FDA法規的推波助瀾，經濟部當時看好中草藥可望有進軍國際市場的機會，由包含生技中心在內的三個法人機構，分

別進行規劃，「當時我們團隊正進行以植物細胞培養生產二次代謝物，與中草藥研究最相關，就由我們接下這個任務，」她笑著說。

看準商機打造新藥產業

九〇年代的台灣，還沒有植物新藥產業，中藥產業也只有傳統的抓藥煎煮或科學中藥（單味藥或經典方）。吳瑞鈺回憶，為把握新法規衍生的產業新機會，經濟部技術處（現為經濟部產業技術司）成立七人小組，成員包括：天然藥物、藥理、毒理專家，以及熟悉台灣藥政法規、美國FDA規範的專家等人，每年開兩次會，積極掌握這個台灣生技產業的新商機。

剛開始的前兩年，她與科技顧問組專家、製藥專家共同前往中國大陸，拜訪當地頂尖中醫藥研發單位，簽訂了兩個委託案，並進行選題、選方，找出中藥最具特色的研發題目──抗老化與免疫調節，並因此建立十多項疾病動物模式。

到了1999年，生技中心植物藥品組正式開始進行植物新藥的研發，其中最先完成臨床前研究，拿到美國新藥臨床試驗（IND）申

自美國制定植物藥新法規之後，
在全球掀起一股植物藥的研發熱潮。

請核准進入臨床的，是癌症治療輔助藥物DCB-CA1，緊接著是老年痴呆症藥物DCB-AD1與紅斑性狼瘡藥物DCB-SLE1，糖尿病及其併發症（眼睛病變、腎病變及傷口難癒合）藥物DCB-WH1則是第二階段選定的研發項目。

這些成果，無疑績效斐然，而對於當年歷程的描述，吳瑞鈺也只是三言兩語輕鬆帶過。然而，熟悉產業的人都知道，每個階段目標的達成，其實都不簡單。

「藥材，是植物新藥研發最難管控的環節，」追問之下，吳瑞鈺說明，以進口藥材做為原料，不易符合「優良農業規範」（Good Agriculture Practice, GAP）要求，更不用說接下來的藥品化學、製造與管制（CMC）要求的穩定控制，因此，「我們從第二階段開始，研發時便盡量選擇台灣本土可進行GAP的植物原料。」

左手香，就是當時生技中心萬中選一的本土植物，也是DCB-WH1的關鍵成分之一。

希望開發一般人方便使用的藥物

「當時與我們洽談合作的仲華公司建議，他們研究的積雪草（SI）也是抗發炎的重要成分，且這個植物容易取得，可提供市場穩定貨源，CMC也容易。因此雙方決定將左手香與SI合併，進行合作研發，」吳瑞鈺說明，剛開始是由生技中心與仲華共同合作研發，後期仲華退出，生技中心一肩扛起獨立完成。

至於一開始，為何會起心動念投入這項研究，則是「因為當時美國上市的糖尿病傷口癒合藥只有『Aquacel』，但它的售價較高，且必須存放在低溫環境下，」她說，「這樣對糖尿病友其實很不便利，我們想讓一般人可以更方便使用，當然希望有更多人可以用得起。」

　　設定目標之後，她便開始進行對照研究。後來，DCB-WH1的效果一如預期，不僅藥效好，而且不像Aquacel，必須保存在低溫環境中，運輸與營運成本都可大幅降低。

　　但，交出的成績單雖然亮眼，研發過程卻讓生技中心團隊吃盡苦頭。

　　「最大的挑戰，是植物藥材與藥物CMC製造品管，」吳瑞鈺回憶，由於植物新藥是萃取多種植物的混合物，而植物深受自然環境影響，眾多變因讓研究過程非常棘手。

　　她舉例談到，剛開始研究左手香時，團隊雖然已經依照GAP規定進行，但採收的植物成分仍有不小差異，譬如，某項被視為指標性的成分含量，不同批之間的落差極大，剛開始團隊以為是產地不同所致，但經過長時間反覆比較後發現，原因出在日光曝曬產生的假成分，最後依這個成分所做的研究數據只能全數作廢。

　　這樣的困境，只是研發過程中的挑戰之一，其他還有許多難以細說的困境例子。

　　吳瑞鈺指出，當年植物藥仍在發展初期，可取得的外部協助資

源有限，團隊只能自己想辦法克服，所幸近期技術與法規都已逐漸完善，例如，現在的藥材規範在GAP中加入了「採集」（collection）一項，成為「優良農業操作與採集規範」（Good Agricultural and Collection Practice, GACP），讓研究者有所依循，不再像過去費盡心血卻前功盡棄，「相關規範還是有不少需要再完善的地方，但比起當年，現在的環境、法規已經進步許多了。」

建立互利共生模式

　　儘管植物新藥發展不易，但經過生技中心與合一的努力，成果逐漸展現。隨著產品上市，在商品販賣期間，生技中心每年有權利金收入，銷售成績愈好，權利金收入愈高；而且，除了權利金收益，吳瑞鈺談到，當時建立的技術平台，已經形成一套完整的機制，之後可以持續服務廠商，讓承接廠商知道生技中心會一路陪伴，包括：藥材鑑定、GAP、體內／外活性評估、動物模式、CMC及IND送件等。

　　「這樣的模式，可以讓生技中心每年都有產業服務收益，等於是中心與產業建立起一種互利共生的正向循環模式，」吳瑞鈺說。

　　藥物研發過程中，需要由不同領域的專業人員分工合作，也因此建立共存共榮、戰鬥力愈來愈強大的團隊文化。她認為，DCB-WH1的成果，並不只屬於直接參與那個項目的人，重要的是整個團隊；同時，DCB-WH1也讓團隊成員深有成就感，且藉此建立起

市場營運經驗，從組織到個人都因此受惠。

正因如此，即使DCB-WH1技轉十年後，原本的團隊已有兩批成員離開生技中心，成立新藥開發公司，直接面對市場挑戰，但吳瑞鈺認為，「那其實是好事，這樣才能夠不斷為台灣生技產業注入活水。」

開啟台灣植物新藥，躍登國際先河

在產業發展之外，DCB-WH1成功技轉，對台灣生技產業還具有更深一層的指標意義。

吳瑞鈺表示，DCB-WH1於2021年在台灣以藥品「速必一」上市，之後又陸續在澳門、新加坡、馬來西亞等地上市，此外還正在中國大陸申請藥證、在美國進行三期臨床試驗；與此同時，合一已先將DCB-WH1開發成為傷口外用乳膏「Bonvadis」，這類乳膏被歸類為醫材，審核流程與時間較短，可搶先上市掌握商機。

「這是第一個由台灣到國際的植物新藥，隨著愈來愈多國家核可上市，經濟價值也隨之提升，」她欣慰地說：「DCB-WH1還在美國、紐西蘭、南非等地，以醫材方式上市，且這類國家正逐漸增加，再加上具備對疤痕的新適應症療效，市場的影響力正逐漸擴大。」然而，儘管成就傲人，卻不代表植物新藥就能從此走上康莊大道。

吳瑞鈺指出，1996年美國FDA頒布《植物性產品規範》

（Guidnce on Botanical Products）草案後，申請新藥臨床試驗的案件超過五百個，但真正進入美國市場的植物藥，至今僅有治療生殖器疣的「酚瑞淨」軟膏（veregen）（綠茶萃取物）與治療腸躁症腹瀉的克羅非莫（crofelemer）（巴豆龍血樹萃取物）兩種藥物。

兩者之間的比例竟然如此懸殊？

嘆了一口氣，吳瑞鈺說明，依她的觀察，原因有二：

其一，早期部分中國大陸藥廠，申請美國新藥臨床試驗只為宣傳，標示產品已達美國規範水準，但申請後卻未做為藥品上市，而是選擇市場比藥品更大的保健品為銷售主力。

其二，則是新藥從臨床試驗到許可上市，需要投入大量資金，即便財力充足，廠商也會考量投資報酬率，業者難免躊躇不前。

換言之，聚焦在植物藥的中、台兩地生技廠商，對於技術、資金要求都更趨嚴苛的植物新藥市場，均不約而同趨向迴避。

也正是在這種情況下，DCB-WH1 做為台灣首例出廠的植物新藥，並且獲得國際市場認可，足以顯示台灣生技的技術能量已具國

DCB-WH1 技術成功技轉，
並開發成傷口外用乳膏，
是台灣植物新藥躍上國際市場的首例。

際競爭力，而因應各國市場以不同形式上市，則凸顯出台灣廠商市場策略的靈活性和多元化。所以，「我相信，只要給予足夠時間，並持續投入資源、制定完善策略，就能逐步做大台灣生技產業的優勢，」吳瑞鈺對於台灣植物藥產業的未來，抱持樂觀態度。

未來還有很長的路要走

不容諱言，放眼生技產業，從技轉到產品推出上市的歷程均相當漫長。以「速必一」為例，合一在 2008 年取得生技中心的 DCB-WH1 技術後，經過十三年時間，才真正上市。這一點，也是業者必須面對的現實。

但，走過這段路，整個台灣生技產業還是有收穫的。

吳瑞鈺認為，合一獨立完整走完新藥臨床試驗到許可上市的全部流程，從中累積的經驗、技術能量與成功模式，證明台灣在這個領域足以與國際競爭者比肩。

此外，她提到，台灣的植物藥分為植物新藥與中藥新藥兩類，審查與藥品查驗登記的單位各自不同，植物新藥屬於衛福部食藥署管轄，中藥新藥則隸屬於中醫藥司，目前台灣已有六項植物新藥和中藥新藥產品上市。

六項產品，看似不多，但考慮到新藥上市必須經過漫長的臨床試驗與查核，且目前還有多家廠商正進行臨床試驗或查驗登記，因此，吳瑞鈺認為：「台灣的生技產業相當蓬勃，透過內需市場帶動

技術成長，無疑是台灣發展植物藥的重大優勢。」

而台灣企業彈性應變的能力，也是另一項優勢。

吳瑞鈺舉例，生技業者大多會先以保健品或健康食品上市，近年來社會逐漸走向高齡化，再加上前兩年的新冠肺炎疫情，民眾對免疫保健愈來愈重視，保健品市場也快速成長，可望緩解一些長期研發的資金壓力。

再加上，過去社會大眾對傳統中藥或多或少存有偏見，認為療效不如西藥，然而新冠肺炎疫情期間，中藥新藥「清冠一號」扮演重要救援角色，一定程度翻轉了眾人對中藥的刻板印象。

面對未來，「希望在生技中心與國內業者的努力下，植物藥能再現光芒，成為台灣生技產業重要支柱，」吳瑞鈺語重心長地說。

文／王明德・攝影／黃鼎翔

去毒 LTh（αK）技術平台

為防範新興傳染病寫下新頁

生技中心的新劑型疫苗技術授權昱厚生技，由董事長徐悠深一路從實驗室驗證，帶到臨床二期成功解盲，為台灣防止新興傳染病與流感疫苗自主研發能力提升，寫下了重要篇章。

如果有一天，新冠肺炎治療、給藥，只需要拿著噴劑往兩邊鼻孔噴幾下，害怕吃藥的老人家和小孩，是否可以安心許多？

殊不知，這並非想像中的未來，而是獲得生技中心技術授權，取得「去毒LTh（αK）免疫調節蛋白技術平台」（「去毒LTh（αK）技術平台」）關鍵技術專利的昱厚生技，現正全心投入開發的主要產品之一。更可喜的是，近期傳來臨床二a解盲成功的好消息，代表著台灣自主研發能力再次獲得肯定。

鼻噴劑治新冠指日可待

新冠肺炎已流感化，同時又不斷有新型變種病毒產生的後疫情時代，新藥研發成為各大藥廠、甚至各國政府積極參與的國際競賽，這種國安層級問題，台灣自是不能置身事外。

疫情期間，昱厚結合去毒LTh（αK）專利技術、全程自主研發的鼻噴型新冠治療藥物，克服募資、邊境封鎖、收案困難等種種挑戰，與長庚醫院副院長邱政洵領軍的感染科團隊、衛福部桃園醫院和萬芳醫院合作，成功於2023年10月初，完成二a期臨床解盲，證實於感染初期投藥能有效抑制病毒在體內擴散，有助縮短病程。

主導開發計畫的昱厚生技董事長徐悠深，同時也是去毒LTh（αK）技術平台的發明人。他為了拓展LTh（αK）在新冠治療的國際市場，除了透過增資、諮詢法規單位意見，規劃下一階段的臨床試驗設計外，目前已取得台灣及日本專利，並以此為起點，展開國

際專利布局的腳步，希望透過專利授權或共同開發的方式，加速新冠治療新藥上市時程。

根據國家生技醫療產業策進會整理美國國家醫學圖書館轄下的臨床試驗資料庫（ClinicalTrials.gov）統計資料顯示，儘管新冠疫苗接種已在部分國家發揮綜效，緩解重症及死亡人數，卻仍然無法遏制病毒變種；截至2021年9月，全球登錄進入二、三期臨床試驗的新藥就高達七百多個，積極收案的藥物也達到五百個以上。

然而，持續觀察開發進度卻發現，有些項目已然終止，而大多數研發中的新冠肺炎治療藥物則為針劑形式，口服藥實為少數，投注心力在開發投藥最為便利、區域投藥副作用最小、具有市場競爭力的鼻噴劑治療藥物的團隊，更是鳳毛麟角。在這種情況下，昱厚鼻噴型新冠治療免疫藥物二a期臨床成功解盲，自然備受關注。

流感疫苗也能用

「能有今天這樣的成績，可以說是生技中心給的養分，我們就連現在都還與生技中心合作，」徐悠深回想當初，在後SARS時代，他從中研院到生技中心生藥所任職的初衷，就是因為生技中心希望能開發出鼻噴型的SARS疫苗。

令人好奇的是，當初為何會有這樣的靈感或啟發？

「許多文獻指出，大腸桿菌分泌出的內毒素，其實能經由黏膜誘導免疫反應，是當時最好的黏膜佐劑，但必須先以基因工程技術

去除內毒素的毒性，以免造成神經麻痺等副作用，」徐悠深說明。

在經濟部技術處（現為經濟部產業技術司）經費支援及生技中心的全力投入下，徐悠深率領的生藥所研發團隊，開發出去毒LTh（αK）技術平台，可以徹底去除大腸桿菌萃取出的蛋白質毒性，形成完整的蛋白質結構，變身成為可跟所有疫苗蛋白抗原搭配的佐劑，進而從黏膜細胞誘發體內免疫反應。

然而，SARS疫情在短時間內火速告終，其後亦未在人類身上發現SARS病毒，市場上所有與其相關的疫苗、治療藥物研發，也逐漸隨之宣告終止或轉向。

已經投入許多心力，無奈疫情態勢瞬息萬變，大環境時不我與，同仁的心血難道就此白費？「當時，去毒腸毒素蛋白LTh（αK）佐劑已經被開發出來了，既然是佐劑，運用範圍就大得多，所以大家沒有太多時間氣餒，只是希望盡快找出新的研究方向……」徐悠深說。

但，生技研究選題，又豈是容易的事。「我們不能再重蹈覆轍，如果讓開發又一次戛然而止，團隊士氣一定會大受打擊！」他深深知道，這一次的選擇，不容有失。

「團隊集思廣益，順著呼吸道和肺部相關的疾病開始腦力激盪，最後，我們決定將它應用在每年秋冬必來拜訪的流行性感冒防治上，因為這是大家每年都要打的疫苗，而我們就朝著鼻噴型流感疫苗埋頭開發，」徐悠深說。

徐悠深回憶，在生藥所時，他帶著研究團隊，從嘗試結合流

歷經新冠肺炎疫情後，昱厚生技董事長徐
悠深（右三）帶領團隊繼續研發，讓鼻噴
疫苗效果最大化，並進行人體臨床試驗。

感抗原製成鼻噴劑型流感疫苗開始，不斷試驗、調合劑型、評估效力，最後進入臨床一期實驗。

是佐劑也是藥劑

「這可以說是一項重要里程碑，因為我們在這個過程中發現，這項技術竟然能夠用來調節黏膜反應，因此不只能做為佐劑，還可以單獨做為治療過敏、氣喘的蛋白質藥物使用，這樣正好可以趕上生技領域正崛起的蛋白質藥物開發趨勢，」徐悠深提到，發現這個結果後，團隊相當興奮，與現任中國醫藥大學兒童醫院院長王志堯合作，針對過敏的老鼠投藥，建立動物試驗模型，在安全性或療效上都初步得到證實，目前正與台北醫學大學合作進行過敏氣喘人體臨床試驗中。

耀眼的成果，讓這項嶄新的技術平台破繭而出，在2014年獲得台灣生物產業發展協會頒發「年度產業創新獎」，成為生技新星，「說實話，我們也沒想到最後可以發展成兩條產品線，但是前面開

從鼻噴型的SARS疫苗，轉向鼻噴型流感疫苗，顯示出生技研發須與時間賽跑，同時得保持調整研發方向的彈性。

發失敗的風險極高，一般公司大多不願意投資或負擔，還是必須靠生技中心的人力、技術、設備的支援，以及國家經費的投注支持，才能讓我們一路走到現在。」

閃亮的新星，終究會被看見。徐悠深與生技中心團隊的實力，獲得台灣光罩公司青睞，投資成立昱厚生技。「我們這個案子，變成是生技中心扮演『第二棒』角色最好的範例之一，他們相當樂見其成，也鼓勵我們團隊轉任新公司，挑戰新藥開發的工作。」

原班團隊讓新藥開發進程加速

回首當年，徐悠深決定接受挑戰、跳脫生技中心這個熟識環境，面對私人企業推動新藥上市的重重挑戰，他所能依賴的就是夥伴，「所以還是生技中心啊！他們培育出一批很優秀的研發人員。」

公司成立初期，無論平台或應用產品開發，都僅具雛形，存在許多挑戰必須克服，他舉例談到，像是LTh（αK）的安定性只有三至六個月，但那樣是不夠的，至少要像現在，達到兩、三年。

又譬如，研究團隊從動物試驗知道，LTh（αK）的相關應用是有效的，可以當做疫苗佐劑，卻還不清楚其中的機制，這中間仍有許多問題點尚待釐清。

「直到有機會與其他單位合作，大家才恍然大悟，原來經由平台技術，將藥物做成鼻噴劑之後，會順著鼻腔作用在呼吸道的上皮細胞，誘導上皮細胞分泌干擾素，形成免疫機制，」徐悠深感慨，

過程說起來簡單，做起來卻很複雜，「如果是一組全新團隊接手後續開發，對產品了解度不夠，勢必要花更多時間、成本，才有辦法釐清這些問題與機制，有機會進入擬定產品規格、生產製造。」

新藥開發非常耗資、費時，有生技中心的技術做為基礎、台灣光罩的資金做為後援，相較於其他新創公司，昱厚可說幸運不少，但角色的轉變，往往更不容易。

難得的是，從研究者轉為經營者，徐悠深心隨境轉，從科學家轉為經理人的角色，在每個公司前進的轉捩點，以前瞻思維為公司募資，尋找志同道合的夥伴。

不過，「我也會想念單純的研究時光，」他直言，「開發新藥非常燒錢，每一次達成新里程碑，興奮歸興奮，但也很清楚，之後就要面對沉重的壓力，因為又要展開一次又一次的大型募資。」

每次募資開始之前，徐悠深都會擔心自己無法達成目標，不論是尋找法人投資或公開募資，都必須透過許多專業且吸睛的簡報，說明產品線的潛力，爭取投資人的青睞，避免資金斷鏈，影響後續產品開發、辜負同仁的期待。

「當一個專業經理人，背負的是一整個企業的存亡及許多家庭的穩定，那種壓力是很可怕的⋯⋯」他語重心長地說。

一群人一起走才能壯大產業

然而，說到昱厚生技與整體產業的未來發展，徐悠深話鋒一

轉，從整體呼吸道疾病防治的研發趨勢，談到以「去毒LTh（αK）技術平台」與其他想走出台灣的業者結盟，一起搶攻國際市場的理想，頓時眼睛又亮了起來。

「去毒LTh（αK）技術平台是走在前面的概念，在新冠肺炎之前，大家只重視注射疫苗的發展，直到疫情發生，才開始關心呼吸道免疫的重要性，」他記得曾經看過一份2022年的疫苗研究報告，其中指出：「注射疫苗搭配鼻噴疫苗加強劑，能夠誘發最強的免疫抗體，尤其針對那些血清抗體不高的族群，『一打一噴』更有效。」

為了讓鼻噴疫苗效果最大化，昱厚計劃延伸這項技術平台的應用，推進鼻噴新冠肺炎與嗜酸性白血球嚴重氣喘的免疫治療藥物人體臨床試驗開發，同時尋求夥伴執行後期的人體臨床試驗。

「我們的目標很清楚，就是要加速這三項新藥技轉合作或開發上市，」徐悠深說。展望未來，他認為台灣生技產業在短時間無法培育出如歐美大藥廠般規模的企業，但是可以採取結盟形式，一起共同壯大，而昱厚的關鍵技術，就成為與各家生技公司結盟的利器，「就像我們以國光的流感疫苗結合昱厚的技術，疫情期間也跟高端合作開發藥物，唯有放大彼此技術交集之處，集結彼此的力量、形成聯盟，拿到更大的投資，一群人一起走，台灣生技產業才有機會壯大。」

文／陳筱君‧攝影／黃鼎翔

全球獨家ENO-1抗體藥物

為癌症患者點燃
生命希望

生技中心首創的ENO-1抗體藥物技轉上毅生技，生技中心生藥所所長蔡士昌與上毅生技研發顧問阮大同，以研究和臨床試驗並行的方式，創造出新藥開發的多重宇宙。

走進上毅生技位於台北市內湖科技園區的辦公室，只見十多位員工人人各司其職，一刻不得閒，可以看出那是一家小而美的生技公司。然而，看不見的是，這個實戰力與即戰力兼具的菁英團隊，一次又一次讓國際生技醫學界看到台灣旺盛的研發動能。

發現癌症治療藥物新機轉

「就是這一篇！」方從上毅執行長轉任研發顧問的阮大同，翻開2023年10月出版的重量級國際期刊《腫瘤學報告》（Oncology Reports），其中一篇討論癌症治療藥物新機轉的論文中提到，烯醇化酶-1（ENO-1）在細胞膜表面可調控糖解作用，減少癌細胞攝取葡萄糖、降低乳酸分泌，並且已在動物試驗數據獲得證實，烯醇化酶-1單株抗體藥物（簡稱ENO-1抗體藥物）可以抑制多發性骨髓瘤的生長。

這項全球新發現，正是出自上毅研究團隊的成果。

然而，這並非上毅團隊首次獲得肯定，「我們之前已經在台灣、歐美多國申請到好幾個ENO-1抗體藥物相關專利，」阮大同表示，在此之前，團隊透過2022年國際醫學期刊《分子癌症治療學》（Molecular Cancer Therapeutics，暫譯），發表證實ENO-1抗體藥物可以有效縮小攝護腺腫瘤的成果報告，而在更早之前，同款藥物也已獲得上毅團隊證實，能在多發性硬化症和肺纖維化治療，發揮不同程度的療效。上毅團隊更在2023年國際醫學期刊《呼吸道研究》

（*Respiratory Research*，暫譯），發表ENO-1抗體藥物可以應用於治療肺纖維化的科學證據。

但，ENO-1是什麼？為何對癌症治療有如此可喜的效果？

「就像開路先鋒，負責切斷包覆在細胞外面的細胞間質，加速癌細胞或活化的免疫細胞進入正常組織中，」阮大同說明，ENO-1反應愈強烈，代表癌細胞及發炎免疫系統愈活躍，因此，透過ENO-1抗體藥物阻斷癌細胞和發炎細胞表面ENO-1的血漿纖溶酶原受體活性，就能有效抑制腫瘤生長及免疫發炎反應。

簡單一點說，就是上毅藉由ENO-1抗體藥物，抑制細胞表面的ENO-1反應，因此得以抑制腫瘤細胞生長或轉移，可用於癌症和自體免疫疾病的治療。

「起源是生技中心生藥所與國家衛生研究院癌症研究所團隊共同進行的早期研究，因為看好它的潛力，創辦人吳英杰博士在2015年以創紀錄的四點七億元取得專屬授權，之後我們便持續開發多種癌症應用；直到現在，我們是全球第一個、也是唯一一組以ENO-1抗體藥物進入臨床一期，完成健康受試者人體試驗階段的團隊，」阮大同對於團隊的表現引以為傲。

提前布局建置抗體藥物研發系統

看到ENO-1抗體藥物在技轉之後的運用範圍愈來愈廣，陸續在多種癌症展現治療潛力，身為早期開發團隊的領導者，生技中心生

藥所所長蔡士昌也感到與有榮焉。

「生技中心應該是全台灣建置最完整的抗體藥物研發團隊，所有抗體藥物開發需要的方法、流程、設備一應俱全，」蔡士昌表示，跟傳統化學藥物相比，抗體藥物的專一性高、毒性低、開發製造門檻高，各大藥廠很早就投入資源開發。

自從1986年美國食品暨藥物管理局（Food and Drug Administration, FDA）核准全球第一個單株抗體藥品Orthoclone OKT3，至今陸續有一百多種抗體藥物上市，廣泛運用在治療癌症與自體免疫疾病。

生技中心產業發展研究處研究員蔡亞萍，曾在分享全球抗體藥物趨勢時提到，目前全球前二十項暢銷藥品中，有八項為抗體藥物，整體銷售額達到九百五十四點七億美元、占比達37%。

確實，「抗體藥物的市場規模與潛力愈來愈大，台灣也必須順著這股趨勢前進，所以我們從1999年第三任執行長張子文到任後，就開始陸續建置抗體藥物製作的軟、硬體設備，並尋找可以承接的研究標的，」蔡士昌說。

果然，機會是留給準備好的人。

「國衛院等研究單位製作的動物抗體，必須經過『人源化』，才能進入臨床試驗，而ENO-1是生藥所第一個以自行建置的設備與技術，獨立完成人源化機制的抗體，」蔡士昌說，這次的成果，讓台灣抗體藥物從研究到開發、上市的系統更加完整，對整體台灣生技研究與製藥產業來說，都是相當關鍵的一步。

生技中心生藥所所長蔡士昌表示，全球已有一百多種抗體藥物上市，用於治療癌症和自體免疫疾病，象徵抗體藥物市場的規模愈來愈大。

上毅開發的ENO-1抗體新藥，已經於2022年正式完成臨床一期試驗，短期內也將啟動臨床二期試驗。全程參與這一切的蔡士昌略顯激動地說：「這表示抗體的安全性已經通過考驗，也代表生技中心製作抗體的能力已被肯定、達到國際水準。」

不過，外人只看到成功的結果，但從承接國衛院的基礎研究到技轉給上毅，中間約有兩年時間，蔡士昌和他所率領的研究團隊一度倍感挫折。

滿懷期待，卻被潑了一盆冷水

國衛院當年進行ENO-1研究時，有兩大發現：其一，是95％肺癌病患的癌細胞均呈現ENO-1蛋白過量的表現，而ENO-1的多寡又會影響腫瘤細胞移轉能力的高低；其二，是晚期肺癌病患血中對抗ENO-1的抗體含量，明顯低於早期肺癌病患及正常人。於是，國衛院與生技中心合作，以長年盤踞國人十大死因之首的「癌中之癌」肺癌，做為治療標的，進行ENO-1在腫瘤中的含量或是血液中的ENO-1抗體濃度的藥物開發前期研究。

「一開始我們真的很興奮，因為這是生藥所第一個完整人源化機制的案例；再加上，我們的工作原本就是要驗證學術或研究單位的成果，研究ENO-1與癌症的機轉能否運用在新藥開發上，是首創、完全沒有人做過，而且似乎真的滿有效，值得開發下去……」話說到此，蔡士昌突然沉默了一會，「可是，後來我們做競爭力評

估時發現，ENO-1抗體藥物的療效無法超越現有肺癌治療藥物。」

不具市場競爭力的新藥，就沒有後續開發的價值，這是生技製藥業不變的定律。

研究團隊因此備受打擊，如同被人當頭澆了一桶冷水。沒想到，很快地，戲劇性的變化發生了——一篇發表在《自然》(*Nature*) 的研究報告，讓成員們重新燃起一線希望。

留心市場機制，適時調整方向

過去，大家認為，多發性硬化症大多與人體的T細胞活化有關；但是，刊登在《自然》的研究報告指出，如果抑制代表發炎反應的巨噬細胞被活化，也能減緩多發性硬化症的病程。

「我們曾經在一篇德國的報告中看到，被活化的巨噬細胞表面上有ENO-1反應，因此把這兩篇報告結合在一起之後，即決定要成為生技中心第一個以多發性硬化症為治療標的的研究團隊，」蔡士昌說。

不放棄，才能轉憂為喜。

方向設定後，因為多發性硬化症屬於免疫系統疾病，整個團隊把格局再拉大，將重心從癌症治療轉為免疫相關疾病藥物的開發，「我們發現，ENO-1抗體藥物對於類風濕性關節炎也有療效，」蔡士昌笑著回憶。

為了驗證ENO-1抗體對於不同免疫疾病的療效，他幾乎跑遍台

大、三總等北部醫學中心，與擅長治療多發性硬化症、僵直性脊椎炎、類風濕性關節炎等的醫師合作，討論每種適應症的病患反應。

「幸好有這段過程，讓如今生藥所的免疫疾病驗證機制建置日趨完備，」對於當初從氣餒到克服挑戰的歷程和團隊成員的付出，蔡士昌心懷感恩。

而走過歷史，他提醒：「新藥開發還是要回歸市場機制，如果以用藥時間來看，多發性硬化症發病之後的餘命約為二十五年至三十年，比一般癌症用藥時間長，開發價值也比較高，因為免疫疾病的特性是幾乎不會痊癒，治療的作用在於舒緩症狀、提高生活品質或延長壽命，因此若能以尚無藥可醫的免疫疾病為目標開發新藥，市場潛力應該十分可觀。」

蔡士昌的觀點，恰巧與阮大同所見略同。

獲得ENO-1抗體技轉之後，在吳英杰和阮大同帶領下，上毅除了延續生技中心在免疫疾病，如：多發性硬化症與類風濕性關節炎的臨床開發應用之外，在發現藥物機制尚不明確的時候，也投入更多資源，回頭繼續臨床前期研究，釐清ENO-1在人體內與各類相

ENO-1抗體藥物成功自生技中心技轉之後，陸續在多種癌症治療中展現潛力。

關適應症產生的交互作用，找出更多藥物機轉，延伸更多可能性。如同蔡士昌所說：「這已經是最強的新藥，我們沒辦法讓它更強，但是可以做的，是為它找到更多、更廣的適應範圍，獲取最大的價值。」

但，既要做臨床開發，又要做前期研究，上毅燒錢的速度比原先想像中快了許多。

應該放棄雙軌模式？阮大同搖頭，他選擇加強與業界的分工合作。譬如，將藥物機制的研究保留在公司內部，其他像是毒理測試、藥物製造，則分別外包給昌達生化毒理中心及台康生技，「甚至我們有部分前期研究是回包給生技中心，」阮大同笑著說，「除了外包，我們連實驗室都是租的，因為建置一個實驗室的花費太大，我們走的是小而美的精兵策略；何況，『小公司』本來就不容易找到合適的人才，業務外包的彈性策略，正好幫助我們解決了這個難題。」

選擇不成熟卻有潛力的標的

做為一家小而美的生技公司，上毅還有另一項生存法門，就是「勇於冒險」。

「大廠極少冒險，通常只會選擇已經開發到一定程度的藥物，再投入後期完善工作，」阮大同強調，「小廠如果無法搶先做第一個，就要選擇做不成熟卻有潛力的標的。」

無論是尚未有動物試驗證實的論文，或當下還不明朗的藥物機制，「即使資料明顯不足，但只要有蛛絲馬跡可循，都是小廠的生存空間，才有機會搶進藍海市場，」他語調鏗鏘地說。

「這些當然還是有風險，」阮大同指出，「包括：安全性、有效性和募資時被投資人質疑等挑戰，都要一一去克服。」不過，以ENO-1來說，目前已經通過最基本的安全性考驗，就整體開發歷程看，他對於新藥或公司未來的發展，皆深具信心，而技術實力正是他的底氣。

「在我們公司，主導開發的是研究人員，相比其他由營運或商業開發人員主導的生技新創公司，更能清楚掌握藥物的成分、機轉、副作用等重要資訊，也更容易取得投資人或主管機關的信任，」一貫展現十足自信心的他，此時更是目光發亮，再次展現對於團隊實力的肯定。

為商品尋找利基，打造成功模式

上毅的成果，也沒有辜負阮大同的期待。

2019年5月，上毅向美國FDA提出ENO-1抗體藥物的人體試驗申請，短短一個月就獲得核准通過，「這代表我們和生技中心共同研發的成果被看見、技術被肯定，對一間新創公司是很重要的里程碑！」他自豪地說。

有了初步成功的基礎，下一步，上毅將以ENO-1抗體結合同

樣取得生技中心授權的嘉正生技抗體藥物複合體（Antibody Drug Conjugates, ADC）藥物雙轉移酶醣鍵結技術平台，進行前列腺癌新藥開發，「我們就像是抗體供應商，可以跟大廠合作，將各家的藥物置入 ENO-1 抗體中，再針對幾十種癌症和免疫疾病做研究，擴大適應範圍，」阮大同相當看好 ENO-1 抗體的未來發展性。

　　或許是長期合作的默契，阮大同和蔡士昌都認為，在抗體藥物全球銷售額逼近四成的趨勢下，由國衛院或其他學術機構負責基礎研究、生技中心擔任抗體生產線、生技公司進行臨床試驗的產、學、研合作模式，將大幅縮短抗體藥物開發時間，不僅可以減輕生技公司研究負擔，也可以複製到現階段亟欲發展的核酸藥物，打造出成功模式，為台灣生技產業的長遠發展找到利基。這是阮大同努力的目標，也是他對整體生技產業永續未來的期許。

文／陳筱君・攝影／蔡孝如

口服免疫調節新藥 EI-1071

發現治療
阿茲海默症的契機

新藥「EI-1071」兩度獲得「撥雲計畫」獎助，不僅是
台灣首見，更是亞洲唯一。其中關鍵的「CSF-1R激酶
抑制劑」，是由生技中心研發技轉給安立璽榮，讓董事
長暨執行長陳泓愷，有望實現造福阿茲海默症患者的初
衷。

2020年8月，美國阿茲海默症協會（Alzheimer's Association）和比爾‧蓋茲合作的「撥雲計畫」（Part the Cloud）宣布，由安立璽榮生醫研發、治療阿茲海默症的新藥「EI-1071」，獲得獎助殊榮。消息傳回台灣，安立璽榮董事長暨執行長陳泓愷當場振奮不已。

EI-1071源自於生技中心研發的「CSF-1R（colony stimulating factor-1 receptor，聚落刺激因子-1受體）激酶抑制劑」（計畫代號 DCBCO1701），可用於調節屬於先天免疫系統（innate immunity）的巨噬細胞（macrophage）或腦內的小膠質細胞（microglia）的小分子免疫治療藥物。

2018年，生技中心成功開發出具專利性、高活性和高專一性的 CSF-1R激酶抑制劑藥物後，便以全球專屬授權方式，技轉給安立璽榮。在安立璽榮接手開發後啟動了EI-1071的首次人體臨床試驗，又進一步根據公司最新研發的成果，將該藥物的應用推進到治療阿茲海默症臨床試驗。

亞洲唯一，二度獲「撥雲計畫」獎助

根據近年的研究發現，神經退化疾病與神經系統內的免疫發炎反應息息相關。在阿茲海默症病人腦中，澱粉樣蛋白沉積引發了小膠質細胞發炎反應，導致神經損害及記憶功能退化。而安立璽榮團隊研究發現，在阿茲海默症的動物模型中，EI-1071能抑制小膠質

細胞的發炎反應，達到減緩神經損傷並改善記憶功能的效果。

這也正是 EI-1071 如此受到青睞的原因。一方面，依照世衛組織統計，2021 年全球有超過 5,500 萬個失智者，2050 年預計將成長至一點三九億人，但市場始終缺乏有效治療藥物；另一大關鍵，則在於 EI-1071 與傳統藥物的作用機轉不同，能藉由調控腦內的免疫系統、減緩神經損傷。而創立於 2017 年的安立璽榮，正是在 2020 年，以「EI-1071」成為台灣首見、亞洲唯一拿到「撥雲計畫」資助的團隊，並藉此將 EI-1071 新藥開發推進至臨床一期。在 2022 年再度獲得「撥雲計畫」的資助，即將在台北榮總啟動第二期臨床試驗。

「『撥雲計畫』成立十年，至今只支持了來自九個地區的六十五個項目，其中，安立璽榮就獲獎兩次，得到一百八十萬美元的獎金。歷年來的獲獎團隊多來自歐美，在亞洲沒有日本、韓國、中國大陸，只有來自台灣的安立璽榮，可見他們（美國阿茲海默症協會）相當看重我們的項目，」陳泓愷自豪地說。

美國阿茲海默症協會醫學和科學關係副主席史奈德（Heather Snyder）解釋，「撥雲計畫」是現今全球最大且專為阿茲海默症創新藥物研發設立的獎助計畫，目的是希望透過資助科學發明，豐富阿茲海默症的治療新法，「所以，當我們看到 EI-1071 在早期臨床試驗中展現的亮點，非常興奮，也決定二度撥款資助，推動這項創新治療進入臨床二期。」

陳泓愷表示，神經系統過度的發炎反應會影響神經功能，例如，當腦部病變、或早期的神經損傷，都會引發免疫發炎反應，而持續的過度發炎反應與神經退化有極大關聯，因此安立璽榮選擇從免疫學下手，治療腦部疾病，「因為我們認為，神經退化疾病是長期不受控制的神經發炎導致的結果，因此，『免疫調節』是治療阿茲海默症很重要的方法學。」

此外，儘管在這個領域的早期研究也有其他的競爭藥物，顯示抑制腦內小膠質細胞具有治療神經退化疾病的潛力，然而這些競爭藥物都存在靶點專一性低、安全性不足、腦部通透性低等問題，像是「Masitinib」便存在引發缺血性心臟病的疑慮；另一個「PLX3397」則有肝毒性的危險。相較於市售兩種藥物，EI-1071 在安全性上的表現，更深獲史奈德讚許。

對此，陳泓愷強調，腦神經系統是人體最複雜的部位，神經藥物的開發，必須經過特別的分子結構設計，才能有效穿越血腦屏障（blood-brain barrier），達到腦組織以調節腦內的小膠質細胞；同時，神經治療藥物還須具備更高的安全性。

他舉例說明，癌症患者因為面臨生死關頭，對於用藥願意冒更大風險，但阿茲海默症患者平均年齡高，而且藥一吃往往是數月或者更長的時間，對於藥物副作用的承受能力低，所以在設計藥物時，都必須通盤考慮這些因素。

看著陳泓愷穩紮穩打，帶領團隊將 EI-1071 一步步往前推進，

為人類重大疾病尋找解方，是條漫長的研究之路，安立璽榮董事長陳泓愷（右二）帶領團隊研發的 EI-1071，已成為治療阿茲海默症的新藥，不僅受到國際關注，更獲得撥雲計畫支持，進入臨床試驗。

並且從醫學、科學一直到製藥都能侃侃而談，其實和他的跨領域經歷有關。

從醫師到科學家，治癒病人的初心

　　大學就讀陽明大學醫學系的他，自大三修習神經解剖學起，便為人體的神經構造著迷，後來也選擇在醫院的各個神經科室實習。

　　然而，過程中，陳泓愷發現，雖然醫師能針對中風、阿茲海默症等神經疾病做出診斷，但談到治療，通常只能採取保守治療，「尤其，針對神經疾病，醫生能治療的手段不多，但我真的不希望自己診斷後必須告訴患者：『你罹患了特殊疾病，我無法幫你。』我想扮演的，是能真正治癒、幫助病人的角色。」

　　萌生這樣的念頭後，他認為，成為科學家，應該能找到治癒患者的解方，於是他在陽明大學繼續攻讀微生物跟免疫學的碩、博士學位，並在畢業後留校擔任助理教授。

　　科學家當久了，陳泓愷又發現，科學家的日常是做新研究、發表論文，依然距離病人遙遠。

　　於是，他毅然辭掉國內大學的教職、前往美國，師從神經退化疾病專家佐格比（Huda Y. Zoghbi），進行博士後研究，利用神經退化疾病動物模式，累積研究致病機制的相關經驗。後來，他加入加州大學舊金山分校附屬的葛萊德史東研究所（Gladstone Institutes）擔任助理研究員，並和默克藥廠合作，真正參與阿茲海默症的新藥

開發計畫。

　　但這遠遠還不是陳泓愷的職涯終點。

　　他自陳是一個「另類又固執」的人，不願遵循當個醫生的既定路線，不斷的翻轉人生跑道，卻在潛意識中執著地追尋著一個人生目標。沒想到，在與默克藥廠合作期間，他又深感在學術界的自己，對新藥開發還是門外漢，於是又再度辭去教職，加入荷商葛蘭素史克藥廠（GlaxoSmithKline, GSK）的神經免疫藥物開發部門，試圖從免疫學的視角，探詢調節神經免疫系統來治療神經退化疾病的新方向，並領導相關新藥開發計畫。

　　陳泓愷走上一條從零出發的路：「我等於是從一個什麼都不懂的醫學系學生，成為一個自以為是的科學家，每當發現有所『欠缺』後就轉換跑道，直到加入藥廠領導臨床前與臨床新藥開發項目。但我並沒有太多的猶豫徬徨，因為這些經驗的累積似乎會指向下一個目標，自然會慢慢發現，該怎麼把這條路走通。」

　　2015年，在國外流浪十多年的陳泓愷，某次有機會和時任生技中心執行長甘良生，以及幾位在GSK的同事暢聊後，決定回到台灣，一同加入生技中心。同時，因應環境所需，在甘良生的支持下，生技中心成立「轉譯醫學研究室」，由陳泓愷擔任主任。

　　對於轉譯醫學的重要性，陳泓愷說明：「科學家在動物、細胞模型實驗取得的成果，並無法保證在人體治療上會有效；要提升新藥開發的成功率，必須從早期研發開始，就以病人為中心的視角，

做為每一個研發階段藥效驗證的指引。檢視近二十年來世界知名大藥廠新藥研發的成敗經驗，顯示加強『以人為本』的轉譯醫學，是克服早期研發到臨床應用轉化障礙最有效的方法。」

產學研合作，找到突破機會

CSF-1R激酶抑制劑，正是他在生技中心擔任轉譯醫學研究室主任時，推動的第一個新藥研發項目。

在台灣做原創性的新藥開發很難，要開發治療阿茲海默症的神經新藥更是難上加難。從基礎研究到臨床開發，各個環節都存在許多缺口，然而陳泓愷深信，藉由合作創新將能夠找到突破機會。

正因如此，進入生技中心、成立轉譯醫學研究室後，對內，陳泓愷積極協助開展各領域的新項目，包括：針對CSF-1R激酶抑制劑開發計畫、生物製藥研究所的癌症免疫治療抗體新藥，他會從轉譯醫學的角度檢視，發現有哪些缺陷、評估可能遭遇的風險，提出如何加強驗證以降低開發風險的措施；對外，他積極參與推動跨單位、跨領域的合作計畫，並召開多場神經科學製藥研討會，橋接學

因為研發者對創新的堅持，讓 EI-1071 有機會成為全球第一個治療阿茲海默症的免疫藥物。

術、臨床界，讓產業更重視研發神經退化疾病製藥的機會。

只是，陳泓愷心中清楚，生技中心不會進入臨床、商業階段，終有一天要將技術移轉給廠商。換言之，對於這個親自一手孵育的項目，他若想接手做下去，唯有跳出來創業才是解決之道──這也是推動他在 2017 年創立安立璽榮的重要原因之一。

其實，安立璽榮能推動 EI-1071 成為國際矚目治療阿茲海默症的新藥，並二度榮獲「撥雲計畫」支持進入人體臨床試驗，絕非僥倖。攤開團隊的投資人名單，不乏台杉投資、中華開發資本、安富資本、兆豐銀行、大和台日生技創投基金等，一字排開盡是國內外知名資金。

問陳泓愷：「怎麼辦到的？」

他的答案是：「我深信生技公司最重要的價值，來自『創新』和『差異化』，安立璽榮藉由創始團隊積累的研發經驗，堅定地走在突破性創新藥的道路，尤其注重從產品的差異化設計來形塑競爭優勢。」

過往，基於電子業代工模式的成功經驗，台灣生技產業也存在為了降低風險，競相投入委託開發暨製造服務（CDMO）、學名藥（Generic Drugs）、生物相似藥（Biosimilars）的思維。但是這類商業模式都需要極大量的資金投入，而且時刻面臨激烈的競爭，並不適合安立璽榮，要以小博大，就必須勇敢地走向突破性創新藥的早期研發。「生技新藥開發與其他產業不同，沒有風險就不會有利

潤，所以我們不怕承受風險，重點在於如何合理有效的控制風險，充分利用手上的資源創造出競爭的利基，」陳泓愷以安立璽榮為例指出，他們只專注在免疫調節的新藥開發，相信藉由免疫學的共通性，能將免疫新藥擴展到跨領域的新適應症應用，且打從一開始，就設定要在全球市場競爭，「這可能是一個免疫學家的白日夢宣言，但正因我們相信，創新才有可能開始。」

相信，讓創新成真

果然，這樣的信念，讓 EI-1071 成為全世界第一個抑制腦中小膠質細胞發炎、治療阿茲海默症的免疫藥物，並且還正在開發全球第一個能治好白斑病的抗體新藥 EI-001。

至於「差異化」的部分，CSF-1R 激酶抑制劑過去多半被設計用來抗癌或治療腱鞘巨細胞瘤，生技中心也將它用做開發癌症免疫療法藥物，並未進行阿茲海默症的驗證實驗，但安立璽榮接受技轉後，便改朝向阿茲海默症的治療方向前進。

「因為若將 CSF-1R 激酶抑制劑用於腫瘤治療，存在許多同類競爭藥物，很難創造出差異化優勢，即使能完成臨床試驗，上市後便立即要面臨銷售的困境，」陳泓愷說，「從另一個角度出發，由於 EI-1071 的分子設計具有高腦通透性、高安全性的特點，如果切入到阿茲海默症的治療應用，EI-1071 就可能是全世界 First-in-class 的免疫調節新藥，差異化優勢與未來市場潛力非常巨大。」

問陳泓愷：「阿茲海默症新藥開發的成功率低，如何控制風險？」

他笑稱，近十幾年來，阿茲海默症新藥開發的成功率的確很低，若純粹從財務投資的角度思考，肯定是風險巨大。但安立璽榮運用生技中心打下的基礎，並且取得美國阿茲海默症協會的無償資助，在早期就獲得對外授權的權利金收益。藉由這些靈活的商業策略，大幅度降低自有資金的投入比例。如此，在資金投入與未來可能收益的天平上，該項計畫就變成十分具有吸引力。

或許是很早就確定目標和方向，讓陳泓愷即使在顛簸的創業途中，仍舊看來格外篤定。「每個人都有自己專屬的創業途徑，不會有兩條相同的路，但只要懷有夢想、相信創業是對的，就要勇敢跨出步伐，」他強調：「追求夢想就先不要問會不會成功，所有事情都有困難，冒險是必然，重點在於你要不要去跨這一步？是否跨出去，只能是你自己的決定。」

如同陳泓愷所說，他已經早早跨出「第一步」，正走在「追求白日夢」的第二、三、四、五步上，「接下來，我衷心希望，EI-1071在接下來的臨床試驗成功，能夠有一天真正幫助到廣大的阿茲海默症患者，也不負政府透過生技中心扶植產業的美意。」

文／蕭玉品・攝影／關立衡

雙轉移酶醣鍵結技術

部署 ADC 雙效 抗癌藥物市場

生技中心以全球正夯的ADC「雙轉移酶醣鍵結技術」，授權嘉正生技，寫下史上最高技轉授權金6.9億元的紀錄……，執行長莊士賢分享他如何慎選題目及在生技中心吸取到的創業膽識與養分。

「這椿合作就像是『嫁女兒』，」生技中心董事長涂醒哲笑著說。他口中的「嫁女兒」，指的是生技中心與嘉正生物科技公司的抗體藥物複合體（Antibody Drug Conjugate, ADC）「雙轉移酶醣鍵結」（Dual Transferase Glycan Conjugation）技術授權案。

2023年3月13日，經濟部技術處（現為經濟部產業技術司）公布了這則好消息，當天涂醒哲邀請了時任經濟部技術處處長邱求慧、旭富製藥科技董事長翁維駿，以及嘉正生技執行長莊士賢等人，共同見證了這場生技界的盛事。

莊士賢是生技中心化學製藥研究所前副所長，也是這項ADC專一性鍵結技術平台的共同開發人，嘉正生技則是原料藥廠旭富製藥投資的新創公司，而這個案子不僅寫下生技中心成立近四十年來最高額的授權金紀錄——六點九億元，更重要的是，它形同宣告了，生技中心有能力開發具市場潛力、可與全球競爭的創新技術。

全球首創，ADC搭載雙抗癌藥

近年來，ADC儼然成為癌症新藥界的寵兒，陸續吸引大型藥廠投入開發，不時可以看見媒體以「精準打擊癌細胞的魔法導彈」來形容它。

根據統計，2022年全球ADC市場規模約為八十億美元，到2028年則將成長五倍，達到四百億美元。截至2023年10月，美國食品暨藥物管理局（Food and Drug Administration, FDA）先後核准

的ADC藥物，更已有十三項上市。

　　如果用飛彈來比喻，過去治療癌症的手法，如同發射傳統飛彈，落地之處無一不是斷瓦殘垣，殺死癌細胞的同時，周遭健康的細胞也難免受到波及，患者往往為各種副作用所苦；直到ADC出現，它如同一枚攻擊力強大的飛彈，將具備導航功能的彈頭（抗體）攜帶火力強大的彈藥（可毒殺腫瘤細胞的藥物），一旦出手便是彈無虛發，可以精準擊中目標（殺死癌細胞）。

　　然而，ADC仍存在一個問題，就是無法有效、均一地將小分子藥物接至預定結合的位置。

　　但「ADC雙轉移酶醣鍵結技術平台解決了這個問題，」莊士賢指出，「透過這項技術獨有的雙效功能，一方面可以精準控制鍵結位置和數量，確保藥物傳送時不易脫落，二方面則可將兩種可毒殺腫瘤細胞的藥物接到同一個抗體上。」

　　「一個抗體能接上兩種不同藥物，是現今ADC很少能做得到的，這正是雙轉移酶醣鍵結技術的競爭力所在，」ADC鍵結技術的共同發明人、同時也是生技中心生物製藥研究所（生藥所）所長的蔡士昌強調。

　　更白話一點說，就是透過新平台的雙效特色，即便是小分子藥物也能精準毒殺癌細胞，適合用來對付各種難以治療的胰臟癌、卵巢癌等癌症，等於是台灣在癌症的精準醫療上又往前邁進了一步，並且「由於它的臨床可預期性較其他全新藥物高，有助於加速通過

美國FDA審查，預估藥物的上市時程可以提前至少50％，」莊士賢振奮地說。

新藥開發技轉不易

如此神奇的「魔法」和開創這項魔法的「魔法師」，由何而來？時間，要拉回2006年。

那年，莊士賢剛退伍，隨即進入生技中心化藥所，從研究化療藥物、標靶藥物開始，到2013年正式投入開發ADC技術平台、2017年深入蛋白水解酶研究，一路到擔任化藥所副所長後，十多年職涯都在生技中心度過。

原本以為會一路在生技中心做到退休的他，沒想到，2021年，ADC技術平台發展臻於成熟，依照經濟部技術處科專計畫的出場機制，必須向外技轉。

然而，問題來了：

為了扶植國內生技產業，技轉的對象以國內企業優先，但實際運作時，卻乏人問津；縱使有企業表露承接意願，所願意支付的授權金也普遍偏低。

莊士賢坦言，新藥開發的風險很大，加上ADC進入臨床試驗前的開發費用又較其他藥物高——傳統小分子藥物的花費大約一億元，但是ADC可能需要三億元之多，結果就是觀望者多，願意投入者少。

累積十多年化學合成藥物經驗，讓嘉正生技執行長莊士賢（右）得以成功開發ADC雙轉移酶醣鍵結技術，創下授權金最高紀錄。

「要是其他企業的出價都不甚如意，不如自己創業試試！」一位莊士賢在某次國際研討會上認識、任職於新加坡科技局的講者，同時也是莊士賢清大化學系的學長，兩人自 2019 年初見以來便合作至今，而正是基於這特殊緣分，以及看好生技中心 ADC 雙轉移酶醣鍵結技術平台未來潛力，學長選擇在此時出言鼓勵莊士賢。

「我那時非常忐忑，」莊士賢笑著回憶，但後來仔細想想，「既然技術要技轉出去，最了解這些產品、最知道其中價值的，就是我自己，由我來做應該最適合。更何況，人生永遠沒有準備好的時候，時間到了就必須不回頭地往前邁進。」

累積養分，跨出熟識環境

憑著這份勇氣，嘉正生技在 2021 年正式成立，莊士賢也搖身一變，成為新創公司執行長。

創業本就不易，選擇的又是成功率極低、五年存活率只有 1% 的新創事業，能夠有這樣的勇氣，「應該要歸功於在生技中心的歷練吧，」莊士賢笑著說。

「我們看似四年就換一次題目，其實不是真的每四年就要重新歸零，我們可以選擇在既有基礎上持續深耕不同選題。」十多年化學合成藥物研究的累積，正好成為後來從事 ADC 研究的養分。

他剖析自己的個性，本就很喜歡和業界、學界、各個研究單位合作，後來嘉正的團隊組成都是從過去累積的人脈而來，包括：投

資人翁維駿，以及研發、法律顧問、專利申請團隊，幾乎清一色是清大化學系的校友。再加上，生技中心等同ADC雙轉移酶醣鍵結技術的「娘家」，也不吝於提供協助，讓ADC雙轉移酶醣鍵結技術未來有機會加速成功。

「生藥所蔡士昌所長就幫了我們很大的忙，」莊士賢提到，嘉正團隊接受生技中心技術移轉時，為了不讓公司在草創初期便要花大錢建置實驗室，蔡士昌接受嘉正委託，共同進行研究；再加上，生技新創公司募資本就不易，但生技中心並不是直接收取六點九億元授權金，而是按比例以現金和股權配比執行，讓嘉正在公司啟動時減輕不少壓力。

「這絕對是生技中心的一大躍進，更會是未來推動台灣生技發展可長可久的做法，」莊士賢強調，這種做法，讓嘉正獲得軟、硬體資源的挹注，生技中心則有成功技轉、委託接案的績效，當嘉正營運得愈好，生技中心能獲得的回報就更好，等於是創造了一種「雙贏」的合作模式。

拓展合作，擴大產業規模

目前，ADC雙轉移酶醣鍵結技術平台已獲得台灣、日本、韓國、美國、加拿大和澳洲等多國專利，莊士賢指出，在已完成的動物實驗中，不僅腫瘤抑制率達到100％，甚至能消退腫瘤。以膀胱癌為例，這項技術能讓腫瘤幾近消失，像是與上毅生物科技合作的

前列腺癌藥物開發，就讓腫瘤大幅消退，連被譽為「癌王」的胰臟癌，同樣顯示出正面的抑制效果。

　　嘉正與上毅的合作，預計於2024年中進入人體臨床試驗，此外像是膀胱癌、胰臟癌、胃癌和乳癌的藥物，也緊鑼密鼓開發中。

　　一般來說，從生技中心技轉出去的產品，若能在兩年內做到臨床試驗，莊士賢直言，這可以用「飛速」來形容，畢竟過往生技中心的技轉，都以已經申請臨床的藥物居多，產業界接手後，通常是將實驗繼續往下做，「我們等於是拿到技術，又在短時間找到候選藥物，接著將產品推到臨床，這非常不容易。」

接軌趨勢，慎選題目

　　隨著藥物進入臨床試驗階段，嘉正現在正開啟新一輪的募資。讓莊士賢欣慰的是，近兩、三年來，創投愈來愈了解生技領域的生態。過去，投資人可能會質疑：投入臨床為什麼需要那麼多資金？但現在，反倒是「投資人可能會主動詢問：『三億夠嗎？是不是應

> 一個抗體能接上兩種不同藥物，是現今ADC很少能做到的研究成果，這也正是雙轉移酶醣鍵結技術的重要競爭力。

該再多一些？』」

　　隨著產業環境逐步健全，莊士賢建議，若生技中心同仁有意進入創業的世界，千萬不要違背最新趨勢！跟過去二、三十年相較，近幾年大環境變化速度快，科技持續推陳出新，時時跟緊全球趨勢是關鍵核心，他以自己為例談到，國內產業已經投入的題目，他在生技中心時便幾乎不碰，堅持只切入新的議題。

　　但，「雖然不做『me too』，也不必找一個全然沒人碰過的新議題，應該選擇和自己過往研究相關，且處在浪尖上的題目，」莊士賢以過來人的身分提醒後進。

　　在這樣的原則下，即便現在身為嘉正的執行長，公司處於新創階段，對外募資、對內營運等許多大小事都必須自己來，他仍堅持每年撥出時間，積極參與重要的國際研討會，才能緊跟市場趨勢。

　　「用新技術做出新產品，是創業必須堅持的守則，」莊士賢強調，參與研討會是找到最新趨勢的方法之一，這是在生技中心培養出來的習慣，也讓自己對藍海領域保持一定的敏銳度。

留意資源，深化結盟

　　在生技中心，莊士賢還學到，千萬別單打獨鬥，應該廣泛和外界合作。舉凡中央研究院、東海大學、清大、成功大學到高雄醫學大學，都曾是他的合作對象。至於應如何尋找好的合作者？對方需要具備哪些條件？要找到一個好的合作案，需要具備什麼要素？

這些都能藉由在生技中心事先培養、歷練。因為莊士賢自己便是如此。

目前，除了上毅是合作夥伴，其他像新加坡科技局、美國加州大學舊金山分校，都與嘉正有合作關係，而他更半開玩笑地說：「歡迎做為嘉正股東的生技中心，可以共同嘗試更多新趨勢及新技術，一起讓台灣生技產業更蓬勃。」

不過，看著現今日益完善的創業環境，莊士賢笑稱：「現在各項新創補助、輔導又較之前更完善了，我都覺得嘉正是不是創立得太早了！」嘉正自創立以來，獲得經濟部、生技中心從方方面面給予許多幫助，而隨著時代演進，如今國家提供的新創資源又更加豐富、完善，他提醒有心創業的後進，可以隨時留意政府提供的各項新創資源。

此外，他舉例談到，當初嘉正的股權架構設計、估值如何計算，都是土法煉鋼，「我是一路用嘴巴問出來的！反觀現在，若生技中心同仁有意創業，即使身在法人單位，仍能直接參與課程，接受業師輔導，應該要懂得珍惜、善用相關資源。」

持續學習，拓展人際

對莊士賢來說，創業是一場自我探索、實現的旅程。

在生技中心工作十五年，每回和親朋好友聊起他的工作，總是一句「開發新藥」，對話便草草告終；又或者，當對方聽到自己在

開發癌症相關藥物，問的都是醫生才懂的癌症治療話題。

然而，創業後，莊士賢得為了事業打拚，必須對大環境保持一定敏感度，如今見到什麼人，他各種話題都能聊上一些。

「這樣滿好的，外面的世界相當廣闊，勇於學習新事物、擴展人際關係，對事業、對人生，或許都會有意想不到的收穫，」莊士賢說。

在生技中心時，莊士賢是職場老將；到了創業圈，他則成為菜鳥後輩。但不論身分如何轉換，憑著過往在生技中心累積的養分，以及挖掘另一個自己的決心，莊士賢持續帶領嘉正大步前進，期望用ADC技術平台，攜手更多抗體開發藥廠，許人類一個更健康、更美好的未來。

文／蕭玉品・攝影／黃鼎翔

結語

革新思維，開創新局

從科技創新、資金、聚落、市場到疫情侵襲，歷經跌宕起伏的過程，台灣生技產業的未來在哪裡？要創造另一項經濟奇蹟，是口號或是可以落實的願景？生技關鍵密碼1、3、5、7、9，是期許、是建言、也是解答。

2019 年開始蔓延全球的新冠肺炎，讓世界彷彿靜止下來；來勢洶洶、眾人束手無策的病毒，不斷侵蝕著人類健康及生命，再加上各國醫療量能幾乎被中、重症病人壓垮的衝擊，態勢彷彿更加惡化。不過，新冠疫情在帶來災厄之際，同時也帶來了加速生技醫藥研發、產製的契機。

但，下一步應該如何做？解方在哪裡？

引進數位科技，加速產業轉型

長期深耕生技產業的勤業眾信聯合會計師事務所，曾經於2021

年針對一百五十位來自歐洲、美洲、亞洲的生物製藥大廠領導者，進行「數位創新」相關調查，在調查報告與隔年發表的《2022全球生命科學產業觀測報告》（2022 Global Life Sciences Outlook）中，皆認同疫情迫使生技產業不得不投入大量資源進行數位轉型，同時引用嬌生全球自我照護與消費者體驗總裁拉古南達南（Manoj Raghunandanan）所說：「過去十八個月發生的事情，使數位創新加速了十年。」

此外，2022年年底橫空出世的ChatGPT，將AI運用推升到另一個層次，被譽為下一個兆元產業、明日之星的生技產業，自然更加無法忽視這股數位創新的力量。

在這樣的驅力下，如何因應新型態消費模式與產業供應鏈需求，在藥物開發過程中，導入以AI結合5G、物聯網、大數據等的數位工具，成為整個生技產業乃至台灣社會，必須思考並找到出路的挑戰。

讓研究腦和商發腦對話

「要跨越挑戰，『資金』是不可或缺的動能，」生技中心董事長涂醒哲不避諱地，用最直接的語言，說明這個產業的現實：「這也是我在上任之初，積極推動成立生技創投基金的緣故。」

台灣的企業或創投向來保守，對於入門技術門檻高、需要長時間及大量資金投入且極可能失敗的生技產業，往往抱持觀望態度，

「要改變現狀，必須有人拋磚引玉，」涂醒哲一臉嚴肅，認真地分析：「政府一定要先行，以國家政策資源帶動民間投資效應，才能有效支持生技新創產業。」

概念有了，下一步不能只是坐而言、更要能起而行。

於是，生技中心與工研院聯手以技術作價投資，籌組了「台灣生物醫藥製造公司」。

「我們要順著大疫過後順勢興起的委託開發暨製造服務（CDMO）的趨勢，為台灣生技產業引入民間活水，開闢新路，再創台灣經濟新價值，」涂醒哲強調。

但，這個走向，並不代表生技中心要放棄高風險、高報酬的「新藥研發」。

「就像台積電，它以代工為主，但是製程技術含量很高，甚至是憑藉強大的製程研發實力，才支撐起今天產業龍頭的地位，」涂醒哲直言，台灣必須透過CDMO模式，才有可能打造出「生技界的台積電」。

「但研發是必須長期耕耘、扎根的工作，也是生技中心過去四十年來埋下的根基，」生技中心代理執行長陳綉暉補充，面對整體產業型態丕變的現實，「我們要做的，就是要讓『研發腦』和『商發腦』對話，產生化學反應以快速掌握這波變遷所產生的機會。」

「所以我才提出『1、3、5、7、9』這組發展台灣生技產業的生

技關鍵密碼，」涂醒哲接著說。

集中力道，成立生醫國家隊

密碼1：把台灣當成「一」家大型生技公司。

涂醒哲說明，台灣企業太小，各家生技公司應該以合作代替競爭，把台灣當成一間大型的生技公司，經由生技中心居間整合，讓從北到南的五大生醫園區，各自在產業價值鏈中找到定位，將台灣串接成完整的生醫產業廊帶；政府規劃未來的聚焦定位，要從「除弊」走向「興利」，以「嚴格品管」和「推動產業前進」的思維，與產業共同成長，因為唯有集中資源，才能讓台灣生技產業與國際大型藥廠一拚高低。

密碼3：成立生醫國家隊，聚焦主力項目，做到「三」分研發、七分經濟。

「研發經費不足，很容易死在沙灘上，」涂醒哲分析，台灣生醫產業平均年營業額高達七千多億元，但是政府投資在研發的經

> 在藥物開發過程導入AI、物聯網、大數據等，將是生技產業乃至台灣社會，須思考並找到出路的挑戰。

費僅約百億元，必須透過提高研發占比，才能提高投資信心及成功率，並吸引國外資金進場；同時還要將臨床醫師從終端使用者（end user）轉化為創新啟動者（innovation starter），邀集各大醫學會與政府相關部門共同挑選出適合台灣發展的題目，每年挑選出前十個主力國家隊開發項目，這樣產出的「生醫國家隊」，題目成功率自然較高。

密碼5：以「555」法則，成立生醫國家隊基金。

「政府不是投資一個團隊就好，」涂醒哲認為，政府投資生醫國家隊，必須分為兩個階段：一是研發、二是成立新創公司，初期，每年整體研發投資金額約為五十億元，接下來每年都增加50%，連續五年總計投資五百億元研發基金。

「我把它稱為『555法則』，」涂醒哲自信地說，如果可以每年選出十個國家隊，五年就可培育出五十個國家隊。

至於計畫初始的五十億元研發基金，依照涂醒哲的規劃，可分為三年執行，根據項目排名遞減分配，第一年最高、接下來的兩年減半補助；而從第四年開始，則是視研發進度及市場展望，

> 持續研發是需要長期耕耘且扎根的工作，
> 也是生技中心四十年來埋下的重要根基。

另行補助成立新創公司，同時引入外部資金，「估計五年共投入六百五十億，其中五百億用來創造五十個國家隊，另外一百五十億用來陪伴新創公司成長。」

布局海外市場，建立獲利模式

在台灣，談到生技產業，近年來常聽到的說法，是要「打造第二座護國神山」，但生技業與科技製造業的商業模式，其實兩者相去甚遠。

公司能夠創造多少營收、可以賺多少錢，是評價製造業價值的方式；但在生技產業，尤其是新藥開發，卻是從無到有、動輒十年為期的過程，甚至，這十年，可能無法創造任何營收。

所以，「我們從前把重點放在新藥研發，小分子、大分子到細胞治療藥物，但其實我們不應該只走這條路，」涂醒哲說，新藥研發的過程漫長，每個階段都可以創造不同價值，新藥研發公司應該從中尋找適合自己的利基點。

「向小國學習、與大國合作，就是很好的方式，」他言簡意賅地說：「這也就是我的『密碼7』，三分研發、『七』分經濟，生產有利基的成熟產品，在最短時間內創造出最大營收。」

所謂「向小國學習」，涂醒哲以韓國為例指出，他們採取務實導向，政府支持生技產業開發生物相似藥，先進軍亞洲、南美洲市場，再以低價搶進歐美，展開全球布局，最後再以獲利支持新藥開

發與醫療創新，就是值得台灣效法的發展模式；至於「與大國合作」，則是貫徹CDMO模式，以馬上生產、即刻獲利的代工模式，推高整體產值，「畢竟企業要生存，必須有獲利才有經費支持創新研發。」

結合健保與醫服，站上國際舞台

密碼9：善用「七」項翻轉式創新策略及「二」項革新思維。

依據國家發展委員會的人口推估數據，台灣已在2018年進入高齡社會，預計在2025年邁入超高齡社會，且老年（65歲以上）人口在總人口所占比率持續提高，至2039年將突破30%。

在這種情況下，如何預防人口老化對社會整體健康造成的風險，無論從商業機會、社會福祉、國計民生等角度思考，都是難以忽略的重點。

所以，「必須善用預防醫學的概念，革新健保及長照制度，建構老而健康、老有所用的社會，」涂醒哲點出，依照這個脈絡，首先要以合理的健保收入與改善現行健保支出，兩者並行，接著設立預防醫療委員，以規劃相關政策並設置投資未來基金，投入生技產業研發，「一旦發展成熟，甚至有機會將健保制度及醫療服務轉化為外交軟實力。」

翻轉生技產業模式，無疑是一項艱巨的工程，生技中心憑藉積累四十年的經驗，從人才培育、衍生新創到技術移轉，都曾發揮研

究型法人的專業，自國際生技產業脈動中，構築出一條適合國內生醫業者前往的路徑。

「整合各方資源、推動法規鬆綁、促進產業發展，是我們的職責，也是唯有我們能夠做到的事，」涂醒哲信心十足地說：「我們不只要複製過去台積電的成功模式，更要走入國際，讓台灣在世界生技產業發展的舞台上，站穩一席之地。」

文／陳筱君

成為台灣生技產業最佳夥伴

生技中心（DCB）創立之初，即以推動台灣生技產業為宗旨，定位於擔任學、研界與產業界之間的橋梁。四十年來，生技中心伴隨台灣生物科技與新興醫藥產業發展，走過三大關鍵階段，力促將台灣生醫成果推向世界舞台。

生技 1.0 （1984年至1999年）
從肝病防治出發，應用生技成果亮眼

樹立核心目標

　　為推動B型肝炎防治，政府於1984年成立生技中心，技轉巴斯德藥廠B型肝炎疫苗技術，帶動成立新竹科學園區第一家生技公司「保生生技」，生產B型肝炎疫苗。

　　1984年至1999年，伴隨生技中心的成立，台灣開啟了生技1.0時代。在第一任執行長田蔚城帶領下，以十五年時間，致力將生物科技應用於微生物醱酵、農業生技、環保生技領域。

　　‧1995年，成功開發生物農藥「台灣寶」（Bio-Bac），技轉給百泰生技，在1999年獲得國內第一張國產生物農藥許可證，實現商品化，2004年並獲准在日本上市。

　　‧1997年，生技中心與全亞洲製藥、施懷哲生物科技、台灣家畜三家公司共同合作，成功開發本土性豬假性狂犬病疫苗產品。

　　‧2000年，以專利技術結合設施及團隊，衍生成立台灣尖端公司；這是生技中心第一家衍生公司，生產濫用藥物及食品藥物殘留等用途之檢驗試劑。

建置基礎設施

　　在硬體設施方面，生技中心歷經長興街生技大樓於1985年動土興

建、1987年正式啟用；之後，因應生技中心擴大成長，於汐止建置生技、製劑及藥物安全三棟大樓，陸續於1994年完工，為生技中心投入新藥開發、建置藥物基盤設施奠立先機。

生技2.0 (2000年至2017年)
聚焦新藥開發，布建產業價值鏈

開拓商務發展

2000至2017年，台灣生技發展進入2.0時代。

這段期間，生技中心在第二任執行長張子文、第三任執行長黃瑞蓮、第四任執行長吳明基以及第五任執行長汪嘉林帶領下，為協助台灣生技產業升級，建立商機拓展與產業推動的專業團隊，成為政府推動生醫產業政策的重要幕僚。

‧2000年，啟動「BioFronts」計畫，培養技術評估、鑑價、專利分析等商務發展人才，負責國際技術探勘與技術引進。

‧2003年起，接受經濟部工業局委託，成立「生物技術與醫藥工業發展推動小組」（BPIPO），成為代表行政院推動國內生醫產業發展、商機媒合與國際鏈結的單一窗口。

‧2004年，於南港軟體園區建置「南港生技育成中心」（NBIC），做為協助經濟部中小企業處新創育成輔導營運的場域。之後，在2016年，進一步由生技中心自主掛牌營運，2018年導入數位健康加速器，鏈結國際業師，以服務台灣生醫新創公司。

‧2006年，因應「生技製藥」及「生技醫藥」國家型計畫，建立橋接團隊，主要協助國內學、研界將研發成果進行智財布局、技術媒合與商品化服務，後於2016年依「生醫產業創新推動方案」，轉成藥品商品化中心。

完善新藥設施

在台灣生技發展的第二階段，生技中心建置了新藥開發所需的關鍵設施，以支援產業新藥臨床前開發。

・2001年，建立台灣首座官方認可GLP毒理實驗室（國際AAALAC完全認證動物房）。

・2005年，生技藥品先導工廠（BPPF）獲衛生署GMP認證，成為我國首座通過cGMP認證的蛋白質藥品生產工廠。

・2009年，生物安全檢測實驗室通過衛生署GLP認證查核，成為國內唯一、亞洲少有，能提供完整生物藥物測試暨安全性檢測的生技藥品檢驗中心（TFBS）。

隨著台灣生醫產業興起，生技中心分別以衍生新創方式進行關鍵設施的產業化。

・2011年，促成毒理與臨床前測試中心（CTPS）由昌達生化購併，衍生成立新創事業。

・2013年，cGMP生技藥品先導工廠衍生成立台康生技公司；2019年，台康成功IPO上櫃。

・2016年，生技藥品檢驗中心衍生成立啓弘生技，2023年已登錄興櫃。

開發新藥產品

配合台灣發展新興生醫產業的科技政策，生技中心也積極投入新藥開發的核心技術建立，從植物藥、小分子藥、抗體藥物，再進入次世代抗體藥物研發，積極將研究成果技轉產業，以推動新藥上市發展。

・2007年，DCB-WH1促進糖尿病傷口癒合植物藥技轉中天生技公司，後由子公司合一生技接手，進入臨床開發，並成功於2021年取得台灣食藥署藥證上市、2022年於美國通過510（k）醫材許可。

・2013年，LT疫苗佐劑平台技轉昱厚生技，應用於鼻噴流感疫苗產品已於2021年完成臨床二期試驗，2023年應用於新冠輕／中症之臨床二期試驗已成功解盲。

・2016年，成功將抗ENO-1抗體藥品技轉上毅生技，2021年通過食藥署IND，並啟動臨床一期試驗。

生技 3.0 (2018年至2023年)
對準精準治療，搶攻疫後全球供應鏈重組商機

迎接躍升轉進

2018年至2023年，台灣生技發展進入3.0時代。

這段期間，生技中心透過第六任執行長甘良生、第七任執行長吳忠勳的帶領，於2018年進駐國家生技研究園區E棟，成為國家級生醫研究單位，掌握全球精準醫療發展趨勢及新冠疫情翻轉的商機，布局核酸藥物、細胞與基因治療，並且推動CDMO先進製程技術。

．2018年，CSF-1R標靶新藥授權安立璽榮，以癌症治療於2020年通過美國FDA IND，2021年完成台灣臨床一期試驗。另開發第二適應症特發性肺纖維化（IPF）治療新藥，於2022年取得美國FDA孤兒藥資格（Orphan Drug Designation, ODD），2023年完成台灣食藥署IND申請。

．2018年，天然藥物萃取分離組順利衍生成立邁高生技，為國內首家提供植物新藥從IND到NDA一站式委託服務公司。

．2022年，以ADC抗體藥物複合體「雙轉移酶醣鍵結技術」，技轉台灣原料藥龍頭旭富製藥集團投資的嘉正生技，打造台灣ADC藥物開發與產製核心。

．2023年，因應疫情掀起的核酸疫苗與藥物熱潮，加上協助台灣搶攻疫後全球供應鏈重組的機會，生技中心以CHO-C、核酸及病毒載體三項核心技術，衍生台灣生物醫藥製造公司，比照台積電模式，打造生技業的CDMO。

鏈結國際合作

．2018年，促成國家生技園區與日本最大生醫園區iPark結盟，藉由日本武田製藥累積多年的製藥開發與商品化經驗，加速台灣生醫新創發展。

．2018年，與全球最大新創事業加速器MassChallenge串接，帶領台灣創業團隊與美國新創最蓬勃發展的業師接觸交流，協助台灣生

醫新創躍升國際。

　　・2019年，推動與日本FBRI（神戶醫療產業都市推進機構）進行iPSC（誘導型多能幹細胞）品質管理合作，協助台灣建立細胞治療品質管制SOP。

　　・2020年，因新冠疫情影響歐美實驗室正常運作，生技中心以具備抗體藥物研發專長，與Amgen合作雙特異性抗體研製開發，接下首件國際大型委託專案。

　　・2021年，與日本CMIC集團簽約，針對生技產品製程開發與製造、臨床前實驗，與投資台灣生技創投基金等項目進行合作。雙方互為最優惠夥伴，共同為台、日新興生技與新創公司，拓展技術應用與市場商機。

協助政策推動

　　因應政府推動「5+2產業創新方案」及「六大核心戰略產業」，生技中心團隊協助政府，推動法規建置、防疫應變、高齡科技、新南向、淨零碳排等政策。

　　・2022年，因應新冠疫情侵襲，科技部成立防疫科學研究中心，由台大、陽明交大、成大、國防及長庚五大醫學中心共同組成，生技中心爭取擔任防疫科學中心政策推動幕僚，協助防疫科學中心基礎與臨床研究串接及研究成果的商品化。

　　・2022年，配合政府《生技醫藥產業發展條例》新法實施，擴大納入先進醫療技術、鼓勵研發與製造並重、擴增獎勵措施等三大助力，協助政府催生新興科技，著眼CDMO以及智慧醫療加速發展。

　　・2023年，響應政府淨零政策，協助經濟部產業發展署輔導九家生醫製藥廠商進行製程優化，推動節能減碳。

獲獎榮譽紀錄

　　・2018年，獲第十五屆國家新創獎「學研創新獎暨最佳產業效益獎」。

　　・2019年，「精準醫療藥物——專一Raf激酶抑制劑」獲台北

生技獎「技轉合作獎」金獎、中華民國生物產業發展協會頒發「Bio-Taiwan傑出生技產業年度創新獎」。

．2020年、2022年自主研發並技轉安立璽榮的「專一CSF-1R激酶抑制劑」，二度獲比爾・蓋茲（Bill Gates）基金會與美國阿茲海默症協會獎助，拿下亞洲首家獲獎企業的殊榮。

．2020年，「CSF-1R激酶抑制劑」獲台北生技獎「技轉合作獎」銀獎、「微小核醣核酸定量技術」獲第十七屆國家新創獎「學研新創獎」、「再生醫學之細胞治療產品開發」獲經濟部技術處「搶鮮大賽——創業規劃類」冠軍。

．2021年，「去毒腸毒素蛋白LT佐劑之應用與平台技術」獲台北生技獎「技轉合作獎」金獎、「高產量CHO細胞表現系統」獲經濟部技術處科專成果事業化創新創業競賽（TREE）「新創加速組獎」。

．2022年，「CHO-C蛋白質量產平台」獲「創業潛力獎」（TREE Award）佳作。

．2023年，「製備醣蛋白——藥物共軛物之方法」獲國家發明創作獎「發明獎」銀牌。

財經企管 BCB832

撥雲迎驕陽
生技中心的探索與創新

國家圖書館出版品預行編目(CIP)資料

撥雲迎驕陽：生技中心的探索與創新/王明德,
洪佩玲, 陳培思, 陳筱君, 蕭玉品著. -- 第一版.
-- 臺北市：遠見天下文化出版股份有限公司,
2024.03
　　面；　公分. --（財經企管；BCB832）

ISBN 978-626-355-664-5(平裝)

1.CST: 生物技術業 2.CST: 產業發展

469.5　　　　　　　　　　　　　113001658

作者 —— 王明德、洪佩玲、陳培思、陳筱君、蕭玉品

企劃出版部總編輯 —— 李桂芬
主編 —— 羅德禎、羅玳珊
責任編輯 —— 尹品心
美術設計 —— 劉雅文（特約）
攝影 —— 黃鼎翔、蔡孝如、關立衡
編審委員 —— 陳綉暉、吳宗翰、陳堂麒、蔡怡琳

出版者 —— 遠見天下文化出版股份有限公司
創辦人 —— 高希均、王力行
遠見・天下文化 事業群榮譽董事長 —— 高希均
遠見・天下文化 事業群董事長 —— 王力行
天下文化社長 —— 王力行
天下文化總經理 —— 鄧瑋羚
國際事務開發部兼版權中心總監 —— 潘欣
法律顧問 —— 理律法律事務所陳長文律師
著作權顧問 —— 魏啟翔律師
社址 —— 臺北市 104 松江路 93 巷 1 號
讀者服務專線 —— 02-2662-0012 | 傳　真 —— 02-2662-0007；2662-0009
電子郵件信箱 —— cwpc@cwgv.com.tw
直接郵撥帳號 —— 1326703-6 號　遠見天下文化出版股份有限公司

電腦排版 —— 立全電腦印前排版有限公司
製版廠 —— 中原造像股份有限公司
印刷廠 —— 中原造像股份有限公司
裝訂廠 —— 中原造像股份有限公司
登記證 —— 局版台業字第 2517 號
總經銷 —— 大和書報圖書股份有限公司　電話／(02)8990-2588
出版日期 —— 2024 年 3 月 8 日 第一版第一次印行

定價 —— 550 元
ISBN —— 978-626-355-664-5 | EISBN —— 9786263556638（EPUB）；9786263556652（PDF）
書號 —— BCB832
天下文化官網 —— bookzone.cwgv.com.tw